Tina Ruggiero

MicroRNA-155 nell'attivazione dei macrofagi e la sua regolazione

AF138618

Tina Ruggiero

MicroRNA-155 nell'attivazione dei macrofagi e la sua regolazione

Un microRNA che regola il sistema immunitario

Edizioni Accademiche Italiane

Impressum / Stampa
Bibliografische Information der Deutschen Nationalbibliothek: Die Deutsche Nationalbibliothek verzeichnet diese Publikation in der Deutschen Nationalbibliografie; detaillierte bibliografische Daten sind im Internet über http://dnb.d-nb.de abrufbar.

Informazione bibliografica pubblicata da Deutsche Nationalbibliothek (Biblioteca Nazionale Tedesca): la Deutsche Nationalbibliothek novera questa pubblicazione su Deutsche Nationalbibliografie. Dati bibliografici più dettagliati sono disponibili in internet al sito web http://dnb.d-nb.de.

Coverbild / Immagine di copertina: www.ingimage.com

Verlag / Editore:
Edizioni Accademiche Italiane
ist ein Imprint der / è un marchio di
OmniScriptum GmbH & Co. KG
Heinrich-Böcking-Str. 6-8, 66121 Saarbrücken, Deutschland / Germania
Email / Posta Elettronica: info@edizioni-ai.com

Herstellung: siehe letzte Seite /
Pubblicato: vedi ultima pagina
ISBN: 978-3-639-77203-6

Zugl. / Approved by: Specializzazione in Patologia Clinica, Università degli studi di Torino, anno 2009.

Al mio piccolo Matteo

INDICE

RIASSUNTO

L'importanza dei meccanismi post-trascrizionali, mediati da microRNA, per la regolazione dell'omeostasi del sistema immunitario e la risposta all'invasione di agenti patogeni sta diventando sempre più oggetto di studio. Dai nostri esperimenti è stato osservato che se si riduce l'espressione di una delle proteine più importanti per il processamento dei miRNA, Dicer, nei macrofagi trattati con LPS, si ha un aumento dell'espressione di alcuni mediatori dell'infiammazione. Mediante un esperimento di *microarray* su miRNA, in queste cellule, si rivela che il trattamento con l'LPS induce significativamente l'espressione di un solo miRNA, il miR-155 mediante un aumento della sua maturazione.

La proteina che lega l'RNA, KSRP, è richiesta per il processo di maturazione di miR-155.

Infatti, KSRP modula l'espressione di un selezionato gruppo di miRNA interagendo con il *loop terminale* di alcuni precursori di miRNA. Essendo parte del complesso proteico sia della proteina nucleare Drosha che della proteina citoplasmatica Dicer, permette il completamento del processamento dei microRNA a cui si lega. Il precursore di miR-155 è stato trovato tra i miRNA regolati da KSRP.

Il MicroRNA-155, permette di ampliare la risposta infiammatoria dei macrofagi, già indotta dalla presenza di LPS. Il meccanismo di azione del miR-155 sui trascritti che codificano per i mediatori dell'infiammazione è sconosciuto; presumibilmente agisce sui *target* trascrizionali in maniera indiretta. KSRP controlla l'espressione di questi stessi fattori dell'infiammazione mediante il controllo sulla biogenesi di miR-155.

Il meccanismo di regolazione dell'espressione di miR-155 nei macrofagi trattati con LPS, che abbiamo descritto in questo lavoro, ci da probabilmente.

Un'informazione in più su un possibile modello di regolazione post-trascrizionale seguito da un microRNA .

In conclusione, gli studi che presento, hanno lo scopo di evidenziare un ruolo dei miRNA, in particolar modo di miR-155, nella regolazione dell'espressione di taluni messaggeri dell'infiammazione mossi nei macrofagi attivati, e di mettere in evidenza come la proteina KSRP possa influire notevolmente sulla regolazione post-trascrizionale di miR-155 e quindi sulla sua funzione.

1.INTRODUZIONE

1.1 La risposta "innata" del sistema immunitario

Nei vertebrati la risposta innata e adattativa del sistema immunitario agisce insieme per l'eliminazione dei microorganismi. L'immunità innata è la prima barriera difensiva e agisce ad opera di vari tipi cellulari: i macrofagi, le cellule dendritiche, i linfociti *natural killer* e in alcuni casi anche i linfociti B. L'incontro con il patogeno porta all'attivazione di questi tipi cellulari che saranno in grado di produrre determinate sostanze. Tra queste le cosiddette proteine di fase acuta che sono in grado di legare e neutralizzare i patogeni o i loro prodotti tossici. Cellule e fattori solubili che intervengono nell'immunità innata sono in grado di tamponare in tempi brevi un'infezione. L'attivazione della risposta locale del sistema immunitario porta alla perdita temporanea della barriera difensiva contro l'invasione dei patogeni e si ha il rilascio dei mediatori dell'infiammazione. In seguito a ripetute sollecitazioni e il continuo rilascio di questi mediatori, seguito dalla distruzione dei tessuti, si può instaurare un'infiammazione cronica. Le conseguenze delle infiammazioni croniche possono portare ad alterazioni metaboliche permanenti e trasformazioni maligne, come gastrite cronica, epatiti, coliti e non ultimo il cancro. In taluni casi l'infiammazione cronica è una conseguenza di malattie immunitarie (malattia di Crohn, diabete di tipo II, psoriasi) (Karin et al., 2006). In una cellula che interviene nell'immunità innata, il mantenimento di un equilibrio tra i prodotti dell'infiammazione e i prodotti anti-infiammatori è sostanzialmente importante perché non si instauri una alterazione cronica. I fattori solubili prodotti dalle cellule che intervengono nella difesa dell'organismo sono, per lo più, citochine e chemochine. Particolari citochine sono gli interferoni (IFN), molecole che agiscono a livello della replicazione virale, prodotti rapidamente da diversi tipi di cellule. Se ne conoscono di 3 tipi:

— alfa (α): prodotto soprattutto da cellule dendritiche di tipo plasmocitoide,

— beta(β): prodotto da molti tipi cellulari (esempio fibroblasti)

— gamma (γ) : secreto prevalentemente da linfociti T Helper, T citotossici, NK e in parte anche da monociti-macrofagi.

L'IFN-γ oltre all'azione antivirale, è anche la citochina più potente nell'attivazione dei macrofagi che acquisiscono maggiore azione fagocitaria diventando "super-macrofagi" in grado di distruggere ad es. micobatteri normalmente resistenti alla fagocitosi. In sostanza, queste molecole agiscono contro il patogeno oppure potenziano l'attività delle cellule effettrici IFN-γ e G-CSF (*Granulocite-Colony Stimulating Factor\)*.

Le cellule coinvolte nella risposta innata hanno in superficie i recettori in grado di riconoscere quelle sostanze e strutture associate a patogeni (PAMP: *Pathogens Associated Molecular Pattners*), sono quindi in grado di discriminare i prodotti self dai non self. La stessa fagocitosi è aiutata anche da proto-anticorpi che la favoriscono perché opsonizzano i batteri riconosciuti da recettori espressi dai fagociti (PRR: *Patner Recognisation Receptor*). Oppure ci sono recettori in grado di riconoscere direttamente il patogeno, come i residui di mannoso (zuccheri presenti sui microrganismi e non tipici dell'ospite). Il riconoscimento dei patogeni comporta una migliore fagocitosi ma soprattutto determina il rilascio maggiore di citochine e chemochine, che servono ad attivare vie di trasduzione del segnale necessario per una corretta risposta immunitaria (fig.1).

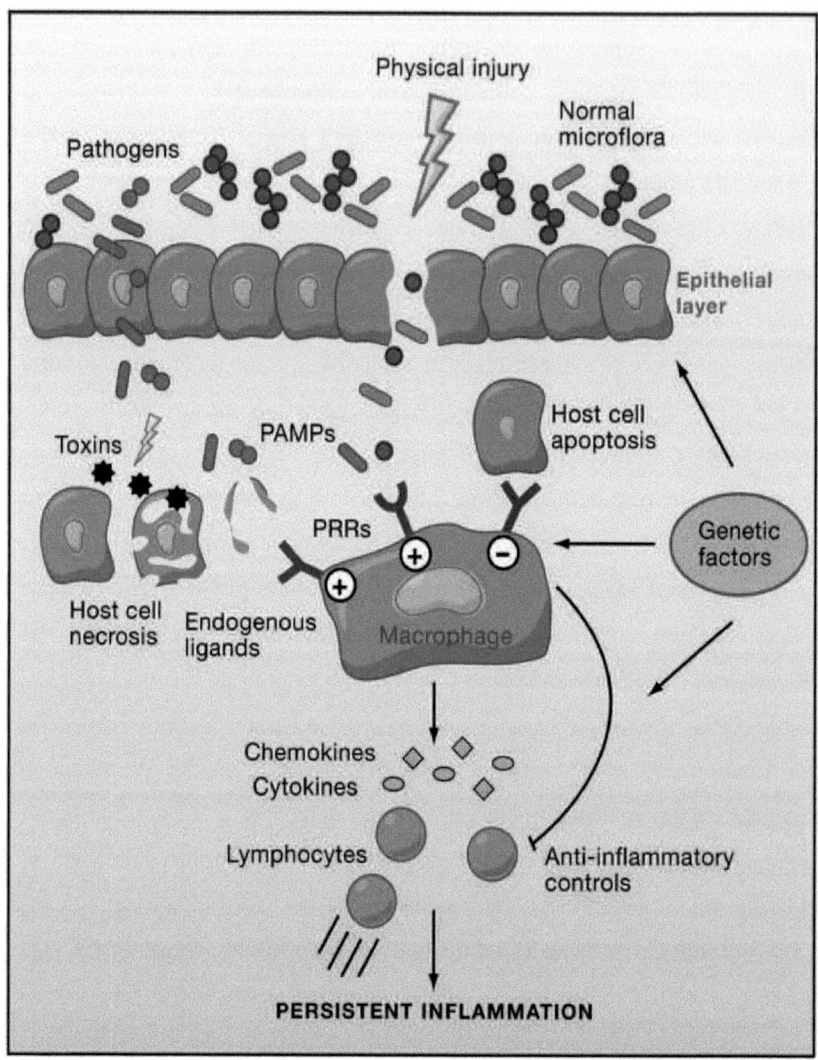

Figura 1: Schema Generale che spiega i processi che intervengono durante un'infiammazione

Karin et al., (2006) spiegano che le origini dell'infiammazione dipendono dalla perdita dell'integrità della barriera epiteliale che porta ad una maggiore esposizione dei macrofagi e delle cellule dendridiche a microbi patogenetici e non. Il riconoscimento mediante recettori specifici (PAMP, PRR) porta il rilascio di espressione di citochine e chemochine che attivano linfociti che possono propagare i loro effetti in una persistente infiammazione.
Citochine e chemochine attivano numerose vie di segnalazione necessarie per una corretta risposta immuninataria.

1.2 Il lipopolisaccaride della parete batterica (LPS) e attivazione dei macrofagi

I macrofagi hanno recettori in grado di riconoscere sostanze prodotte dai batteri ad es. l'LPS; L'LPS è rilasciato in seguito alla lisi batterica, ci sono antibiotici batteriolitici che causano disgregazione dei gram negativi potendo determinare massiva liberazione di LPS.

L'LPS del batterio ha potente capacità di stimolo per i macrofagi che esprimono, infatti, un recettore che fa parte dei *Toll-like Receptor (TLR)* e che è in grado di riconoscere diversi componenti microbici. In particolare il TLR4 riconosce prevalentemente l'LPS. TLR4 è un eterodimero che contiene il CD14, marcatore dei macrofagi. Una cellula CD14 + appartiene quindi alla linea monocito-macrofagica. L'LPS attiva i macrofagi tissutali che divengono in grado di produrre rapidamente TNF-α, IL-1 e IL-6 e tardivamente altre citochine.

Nelle cellule B così come nei macrofagi, i segnali provenienti dal riconoscimento dell'LPS da parte del TLR4 attiva fattori di trascrizione come NF-κB, e tre classi di MAP cinasi (ERK, p38 JNK) (Akira S. et al., 2006, Banerjee A. et al., 2007).

Sotto attivazione, la via di trasduzione del segnale da parte di TLR4 permette l'aumento di espressione di gruppi funzionali di geni attraverso meccanismi trascrizionali e post-trascrizionali (Hume D.A. et al., 2007, Anderson P. et al., 2004). E' stato supposto che l'LPS va ad attivare trascrizionalmente i mediatori dell'infiammazione mediante due modalità una più o meno rapida, in quanto i promotori dei geni sono immediatamente accessibili all'NF-κB, e un altro in cui l'acetilazione dei promotori rallenta la trascrizione di taluni geni (Saccani S. et al., 2001).

Tra i meccanismi post-trascrizionali più conosciuti ci sono quelli che regolano l'espressione di un gruppo di geni agendo sulla stabilità dei messaggeri (mRNA).

Questi meccanismi, in genere, agiscono su trascritti inerentemente instabili e che presentano al 3' trascritto e non tradotto (3'UTR), elementi ARE (*AU-rich element*). Questi elementi sono riconosciuti da particolari proteine AREBP (*AU-rich element binding protein*) che agiscono stabilizzando o destabilizzando il trascritto nel citoplasma. A seconda della loro funzione possono essere considerate proteine che stabilizzano il trascritto (HuR, pAUF1), o proteine che lo destabilizzano (KSRP, TTP, BRF1, pAUF1). Queste proteine intervengono vicendevolmente a seconda dei segnali esogeni ed endogeni che la cellula riceve. Nei macrofagi attivati, per esempio, gli eventi post-trascrizionali su trascritti contenenti ARE, richiedono l'attivazione di p38, che a sua volta va a innescare una serie di eventi a cascata mediante le MAP cinasi (fig.2). L'LPS nei macrofagi va ad indurre, solitamente, l'espressione di citochine e chemochine per iniziare la *clearence microbica*. Questi trascritti sono regolati, in cellula sia da meccanismi trascrizionali sia post-trascrizionali. Molte delle loro sequenze, infatti, presentano al 3'UTR elementi ARE riconosciuti da AREBP che permettono una regolazione post-trascrizionale. Questo stretto controllo dell'espressione genica mediante diversi meccanismi serve per ovviare all'eccessiva produzione dei mediatori dell'infiammazione. La eccessiva produzione di citochine in risposta all'LPS potrebbe portare allo shock septico (Ulevitch R.J. et al., 1995). Negli organismi umani, lo shock septico è una conseguenza importante dell'infiammazione caratterizzato da ipotensione, febbre, coagulazione intravascolare. E' importante, inoltre, ricordare che nella risposta tardiva l'LPS porta anche ad un aumento di espressione di citochine anti-infiammatorie (IL-10 e TGF-β). Si pensa che queste citochine anti-infiammatorie servano a regolare il potente effetto di proteine infiammatorie (Fujihara M. et al., 2003) e contribuiscano a bilanciare gli effetti negativi che si avrebbero se proteine infiammatorie non venissero mai spente.

9

Ultimamente, è stato accertato che a contribuire alla fine regolazione post-trascrizionale dei geni che codificano per la risposta infiammatoria del sistema immunitario ci sono i microRNA (miRNA) (Sheedy F.J. et al., 2008).

Recenti studi hanno dimostrato che taluni miRNA, in particolare miR-155, miR-146, e miR-223, (fig.3) regolano la risposta infiammatoria acuta dopo il riconoscimento dei patogeni da parte dei recettori TLR. (Taganov K.D, et al., 2006, O'Connell R.M., et al., 2007). Con esperimenti di microarray è stato accertato che su macrofagi attivati da differenti stimoli, LPS, poliinosina:policitidina p(I:C), INF-γ, si ha l'aumento di espressione di un miRNA in particolare, miR-155 (O'Connell R.M., et al., 2007), suggerendo un ruolo positivo di questo miRNA nel rilascio di proteine infiammatorie durante la risposta immunitaria innata.

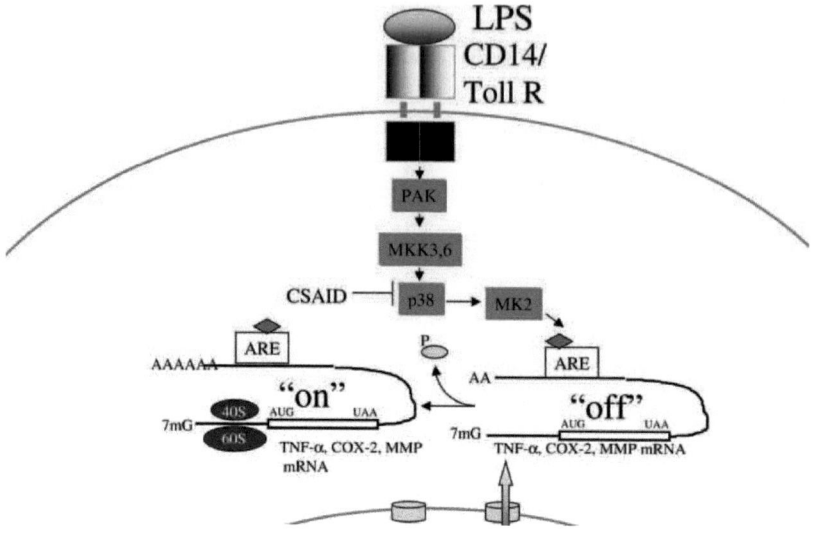

Figura 2: Schematica rappresentazione della regolazione post-trascrizionale di trascritti di citochine proinfiammatorie che presentano sequenze ARE (Anderson, 2004)

L'LPS è riconosciuto dal recettore TLR4 dei macrofagi che innesca la via di trasduzione del segnale di p38; p38 attiva una serie di eventi a cascata, tra cui la regolazione post-trascrizionale di citochine e non riconosciute dalla presenza di sequenze ARE.
CSAID: farmaco antiinfiammatorio che sopprime l'espressione di citochine
PAK: cinasi che attiva p21
MKK: MAPK cinasi
MKK2: MAPKAP cinasi 2

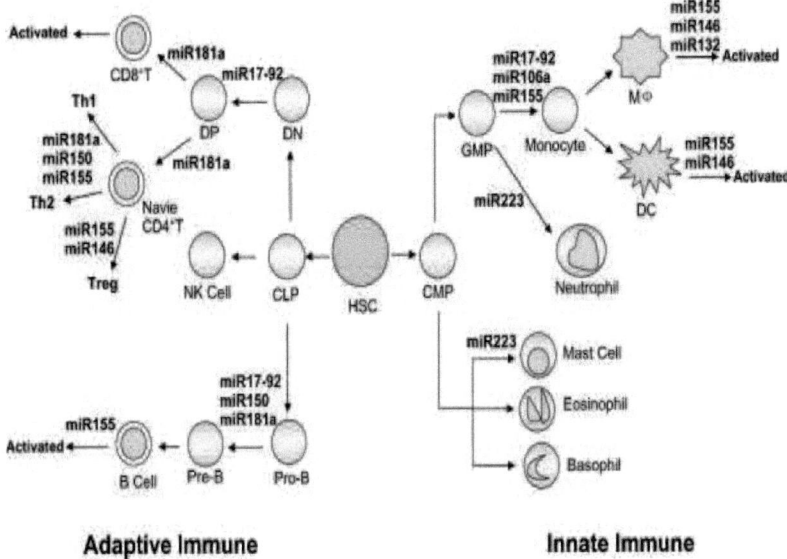

Figura 3: miRNA coinvolti nella risposta innata e adattativa del sistema immunitario.

Lo schema è stato proposto nel paper di Bi Y. et al., 2009.
HSC: cellula staminale ematopoietica, CLP: comune progenitore dei linfociti,
CMP: comune progenitore della cellule della linea mieloide, GMP: progenitore
granulociti, DC: cellule dendridiche, M: macrofagi, Treg: cellule T regolatorie.

1.3   I microRNA

I miRNA sono piccole molecole di RNA, a singolo filamento di 20-22 nucleotidi che svolgono diverse funzioni. Hanno un ruolo nella regolazione post-trascrizionale dei trascritti a livello della traduzione dei messaggeri o attraverso la stabilità nel citoplasma (Filipowicz W. et al., 2008). Studi funzionali indicano che i miRNA partecipano a regolare molti processi cellulari. Cambiamenti della loro espressione sono evidenziati in alcune patologie umane incluso il cancro (Filipowicz W. et al., 2008). Recenti studi hanno indicato, inoltre, un ruolo dei miRNA nella ematopoiesi, nella risposta immunitaria e infiammatoria (Sheedy F.J. et al., 2008) Coerentemente con queste evidenze, i miRNA per intervenire nei diversi meccanismi fisiologici e patogenetici sono sottoposti ad una fine regolazione. Questi meccanismi di regolazione dell'espressione dei miRNA è tuttora largamente sconosciuto.

1.4 Biogenesi dei microRNA

I miRNA umani sono presenti a livello di introni di geni codificanti o tra introni ed esoni di trascritti non codificanti (Rodriguez A. et al., 2007). La biogenesi dei miRNA comincia dalla trascrizione di alcuni geni ad opera dell'RNA polimerasi generando trascritti definiti pri-miRNA. (Fig.4) (Bi Y., et al 2008) I pri-miRNA sono molecole grandi anche migliaia di nucleotidi che subiscono poliadenilazione, *capping* e presumibilmente *splicing* degli introni, poi vengono processati, nel nucleo, da apposite RNAsi di tipo III chiamate Drosha e Pasha ed in questo modo si generano molecole lunghe 70-80 nucleotidi, i pre-miRNA. I pre-miRNA presentano una struttura a forcina e una porzione terminale (*terminal loop*), vengono esportati nel citoplasma grazie alla esportina5 (proteina localizzata sulla membrana nucleare).

Nel citoplasma i pre-miRNA subiscono un processamento ulteriore ad opera di Dicer (endonucleasi RNasi III) che crea molecole a singolo filamento lunghe circa 21 nucleotidi, ovvero i miRNA. Questo filamento di miRNA si lega al complesso proteico RISC che lo guida verso l'mRNA *target*, la sua parte complementare di RNA è degradata. Ciascun miRNA si lega all'mRNA *target* attraverso la sua completa o parziale complementarietà di sequenza. Nelle piante, si è visto che il complesso costituito da RISC e miRNA si associa per complementarietà perfetta alla CDS degli mRNA *target* causando il taglio dell'mRNA.

Negli animali invece, si è visto che il complesso costituito da RISC e miRNA si associa per complementarietà imperfetta generalmente al 3'UTR dell'mRNA *target*, causando in questo modo il blocco della traduzione di quell'mRNA.

Si è visto che un mRNA può essere riconosciuto e legato da diversi complessi miRNA-RISC, inoltre ciascun tipo di complesso miRNA-RISC può legarsi ad mRNA *target* diversi.

1.5   miRNA e KSRP (*KH-type Splicing Regulatory Protein*)

Ultimamente è stato dimostrato un meccanismo di regolazione dell'espressione di alcuni miRNA durante la loro maturazione da pri o pre-miRNA a miRNA. Questo meccanismo vede coinvolta la proteina KSRP (*KH-type Splicing Regulatory Protein*) già conosciuta perché coinvolta in altri meccanismi di regolazione post-trascrizionale dei messaggeri (fig.5).

14

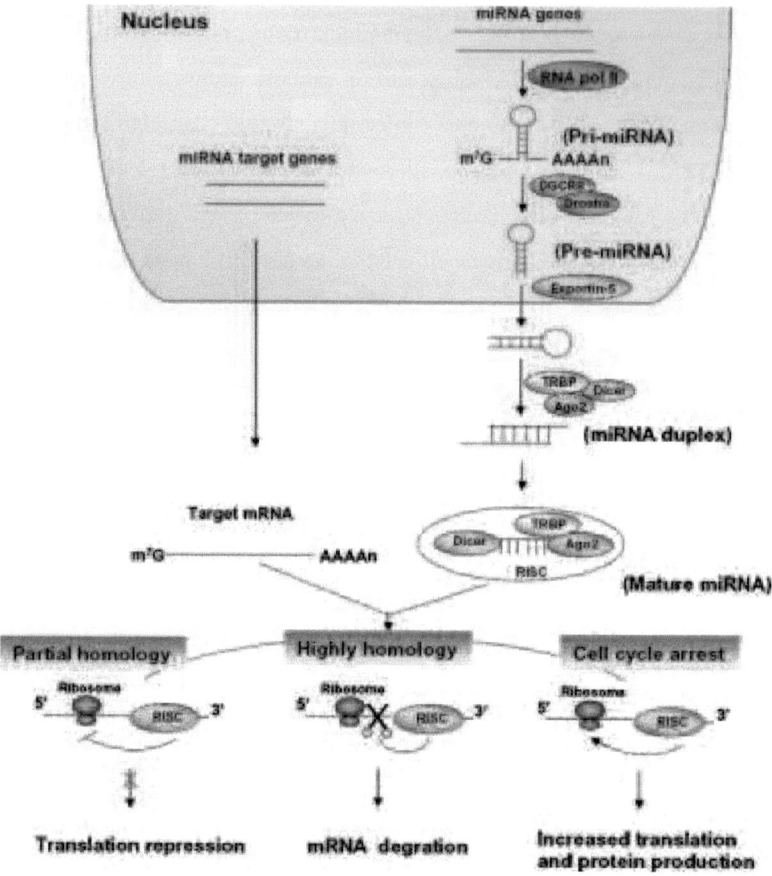

Figura 4.: Biogenesi di un miRNA (Bi Y., 2009)

La biogenesi dei miRNA comincia dalla trascrizione di alcuni geni ad opera
dell' RNA polimerasi generando trascritti definiti pri-miRNA che vengono
processati, nel nucleo, da apposite RNAsi di tipo III chiamate Drosha e Pasha a
pre-miRNA. I pre-miRNA vengono esportati nel citoplasma grazie alla exportina 5.
Nel citoplasma i pre-miRNA subiscono un processamento ulteriore ad opera di Dicer
a miRNA. Ciascun miRNA si lega al complesso proteico RISC e lo guida verso
l'mRNA target, l'altro filamento è degradato. I miRNA si legano all'mRNA
target attraverso la completa o parziale complementarietà di sequenza.

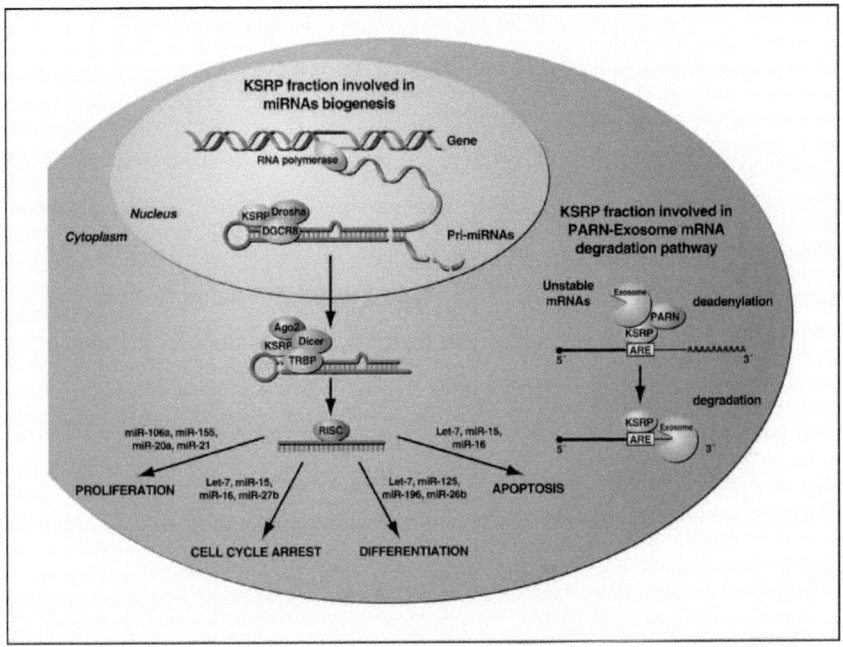

Figura 5: KSRP e microRNA

La proteina KSRP regola distinti momenti della vita di un messaggero attraverso lo splicing, la localizzazione e attraverso la degradazione di un trascritto mediante il riconoscimento delle ARE (a dx dello schema).
Ultimamente è stata trovata localizzata sia nel nucleo a livello del complesso di Drosha che nel citoplasma legata al complesso di Dicer a regolare la biogenesi di un microRNA (Trabucchi et al. 2009)

La proteina KSRP regola distinti momenti della vita di un messaggero attraverso lo *splicing,* la localizzazione, la sua degradazione, suggerendo ruoli multipli nel controllo dell'espressione genica.(Min et al 1997, Kroll et al., 2002).

E' stato dimostrato che i domini *K-homology* KH3 e KH4 di KSRP sono necessari e sufficienti per permettere alla proteina di legare il 3'UTR dei messaggeri con ARE, promuovendone la degradazione di questi trascritti (Gherzi R., et al., 2004; Chou et al., 2006; Garcia-Mayoral et al., 2007). Esperimenti di coimmunoprecipitazione di proteine provenienti dalla linea cellulare Hela, hanno dimostrato che KSRP è parte del complesso della proteina di Dicer, e si lega al *terminal loop* di alcuni precursori dei miRNA agevolandone la maturazione. KSRP, localizzandosi anche nel nucleo, è stata trovata legata anche al complesso molecolare di Drosha, e con un meccanismo non definitivamente conosciuto, va ad influire anche sulla prima parte della maturazione del miRNA. I miRNA che sono regolati nel processo di maturazione da KSRP sono descritti nella tabella 1 (Trabucchi et al., 2009).

KSRP agendo sulla maturazione di taluni miRNA, potrebbe, dunque, influire anche sull'espressione dei loro *target* trascrizionali diretti e indiretti.

1.6 MIR-155

E' stato dimostrato, nel lavoro di tesi che presento, che il precursore di miR-155 (pri-miR155) lega con alta affinità KSRP nei macrofagi attivati dopo il trattamento con l'LPS (Tab.2) (Ruggiero et al., 2009). Il miR-155 è un microRNA espresso sia nella linea cellulare linfoide sia nella linea cellulare mieloide (O'Connell et al 2007, Vigorito et al 2007). Nel linea linfoide, ha una importante funzione nel corretto sviluppo della risposta immunitaria (Rodriguez et al 2007).

Tabella I

MicroRNA i cui livelli di espressione sono ridotti tra 1.5 and 1.2 volte per il knock-down di KSRP nella linea cellulare Hela.

MicroRNAs	Sanger Accession number
hsa-mir-106a	MI0000113
hsa-mir-125a	MI0000469
hsa-mir-125b	MI0000446 - 470
hsa-mir-15a	MI0000069
hsa-mir-16	MI0000070 - 115
hsa-mir-20a	MI0000076
hsa-mir-20b	MI0001519
hsa-mir-21	MI0000077
hsa-mir-25	MI0000082
hsa-mir-26a	MI0000083 - 750
hsa-mir-27b	MI0000440
hsa-mir-30a	MI0000088
hsa-mir-30c	MI0000736 - 254
hsa-mir-30d	MI0000255
hsa-mir-320	MI0000542
hsa-mir-335	MI0000816
hsa-mir-483	MI0002467

MicroRNA i cui livelli di espressione non sono variati per il knock-down di KSRP nella linea cellulare Hela.

MicroRNAs	Sanger Accession number	MicroRNAs	Sanger Accession number
hsa-mir-100	MI0000102	hsa-mir-132	MI0000449
hsa-mir-101	MI0000103	hsa-mir-135	MI0000452 - 3
hsa-mir-103	MI0000108 - 9	hsa-mir-137	MI0000454
hsa-mir-106b	MI0000734	hsa-mir-138	MI0000476 - 455
hsa-mir-107	MI0000114	hsa-mir-140	MI0000456
hsa-mir-10a	MI0000266	hsa-mir-143	MI0000459
		hsa-mir-145	MI0000461
hsa-mir-10b	MI0000267	hsa-mir-148b	MI0000811
hsa-mir-122a	MI0000442	hsa-mir-149	MI0000478
hsa-mir-126	MI0000471	hsa-mir-151	MI0000809
hsa-mir-128a	MI0000447	hsa-mir-152	MI0000462
hsa-mir-128b	MI0000727	hsa-mir-154	MI0000480
hsa-mir-130a	MI0000448	hsa-mir-17	MI0000071
hsa-mir-130b	MI0000748	hsa-mir-181a	MI0000289 - 269

hsa-mir-181b	MI0000270		hsa-mir-594	MI0003606
hsa-mir-181d	MI0003139		hsa-mir-638	MI0003653
hsa-mir-183	MI0000273		hsa-mir-643	MI0003658
hsa-mir-185	MI0000482		hsa-mir-651	MI0003666
hsa-mir-18a	MI0000072		hsa-mir-656	MI0003678
hsa-mir-193b	MI0003137		hsa-mir-660	MI0003684
hsa-mir-195	MI0000489		hsa-mir-663	MI0003672
hsa-mir-196b	MI0001150		hsa-mir-801	MI0005202
hsa-mir-197	MI0000239		hsa-mir-7	MI0000263 - 264 - 265
hsa-mir-198	MI0000240		hsa-mir-92b	MI0003560
hsa-mir-199a	MI0000242 - 281		hsa-mir-93	MI0000095
hsa-mir-19a	MI0000073		hsa-mir-99a	MI0000101
hsa-mir-19b	MI0000074 − 75			
hsa-mir-200c	MI0000650		hsa-mir-99b	MI0000746
hsa-mir-203	MI0000283			
hsa-mir-210	MI0000286			
hsa-mir-217	MI0000293			
hsa-mir-218	MI0000294 - 295			
hsa-mir-22	MI0000078			
hsa-mir-221	MI0000298			
hsa-mir-222	MI0000299			
hsa-mir-23a	MI0000079			
hsa-mir-23b	MI0000439			
hsa-mir-24	MI0000080 - 81			
hsa-mir-27a	MI0000085			
hsa-mir-29a	MI0000087			
hsa-mir-29b	MI0000105 - 107			
hsa-mir-30b	MI0000441			
hsa-mir-30e	MI0000749			
hsa-mir-31	MI0000089			
hsa-mir-326	MI0000808			
hsa-mir-337	MI0000806			
hsa-mir-340	MI0000802			
hsa-mir-342	MI0000805			
hsa-mir-34a	MI0000268			
hsa-mir-365	MI0000767 - 769			
hsa-mir-371	MI0000779			
hsa-mir-372	MI0000780			
hsa-mir-379	MI0000787			
hsa-mir-382	MI0000790			
hsa-mir-423	MI0001445			
hsa-mir-452	MI0001733			
hsa-mir-484	MI0002468			
hsa-mir-503	MI0003188			
hsa-mir-574	MI0003581			
hsa-mir-581	MI0003588			
hsa-mir-582	MI0003589			
hsa-mir-590	MI0003602			

Tabella II

miRNA la cui espressione è ridotta di 1.5 volte dopo knock-down di KSRP nei macrofagi della linea cellulari di RAW 264.7. Le cellule erano state transfettate sia con un *si* di controllo che con *si*KSRP; Solo i miRNA che presentano un p-value ≤ 0.05 sono rappresentati.

microRNA	Sanger accession number
hsa-let-7a	MI0000060-61-62
hsa-let-7b	MI0000063
hsa-let-7c	MI0000064
hsa-let-7d	MI0000065
hsa-let-7e	MI0000066
hsa-let-7f	MI0000067-68
hsa-let-7g	MI0000433
hsa-let-7i	MI0000434
hsa-miR-15b	MI0000438
hsa-miR-21	MI0000077
hsa-miR-98	MI0000100
hsa-miR-26b	MI0000084
mmu-miR-155	MI0000177

Il trascritto di miR-155 si accumula in alcune forme di linfomi umani, il linfoma delle cellule B (Eis P.S. et al., 2005), nel linfoma di Hodking (Kluiver, J., et al., 2005) e nel linfoma di Burkitt

(Kluiver, J., et al., 2007). Questo microRNA è, dunque, coinvolto nella linfopoiesi e nello sviluppo delle cellule B.

Una eventuale funzione fisiologica di miR-155 nella linea mieloide è poco conosciuta. Questo microRNA è processato da una regione non codificante tra il secondo e il terzo esone del gene BIC (B *Cell Integration Cluster)* ed è stato uno dei primi microRNA su cui è stato possibile creare una linea di topi *knock-out*. L'analisi dei topi *Knock-out*, ha evidenziato le potenziali funzioni di miR-155, in quanto questi topi sviluppavano sintomi simili a quelli caratteristici a patologie umane autoimmuni e si dimostravano meno resistenti a infezioni batteriche come quella da *salmonella tuphimurium,*

anche dopo vaccinazione. La loro resistenza era dovuta ad una ridotta espressione da parte dei linfociti B di IgM e di IL-2 e INF-γ . Inoltre, per quanto il silenziamento del gene di miR-155 non influisca sulla normale crescita e maturazione di linfociti T, linfociti B e cellule dendritiche, la loro funzionalità è apparsa ridotta e in parte deviata a danno dei tessuti polmonari. In particolar modo Rodriguez et al. (2007) avevano dimostrato che le cellule dendridiche dei topi *knock-out* per miR-155 non erano capaci di attivare le cellule T e che le cellule T avevano più capacità di differenziare verso cellule th2 quando attivate in vitro. Thai et al. (2007) avevano dimostrato che l'espressione ectopica del miR-155 nei topi *knock-out* andava ad influire sul controllo delle cellule del centro germinativo e sulle cellule B attraverso la maggiore produzione di citochine. I numerosi studi che sono stati fatti su miR-155 hanno portato all'evidenza che la mancata funzionalità o ridotta espressione di un microRNA ha degli effetti molto importanti sulla vita degli organismi e come in questo caso effetti importanti a livello del sistema immunitario.

Croce et al. (2007) avevano dimostrato che miR-155 ha effetti anche sulla immunità innata e avevano suggerito che miR-155 va ad influire sulla espressione di molti trascritti attivati dal segnale dell'LPS. Tra questi trascritti troviamo FADD (*Fas Associated Death Domain Protein*), IKKε (IKB cinasi ε) e la proteina che interagisce con il recettore del TNF serina e treonina cinasi 1 (Ripk1).

Recentemente Pierre et al (2009), studiando l'attivazione di cellule dendritiche mediata da LPS, hanno individuato IL-1β come *target* importante di miR-155, portando ad evidenziare un ruolo fondamentale di questo microRNA nella risposta infiammatoria. E' chiaro che in seguito alla regolazione di IL-1 β si ha il coinvolgimento di numerosi altri trascritti che seguono il suo segnale di azione. Ma, le modalità di azione di miR-155 nella risposta infiammatoria deve essere per lo più delucidato.

Dall'analisi dei lavori pubblicati su miR-155 si può concludere che nella risposta immunitaria "innata" è evidente un coinvolgimento di questo microRNA. In genere in molti lavori è stato sottolineato che l'aumento dell'espressione riscontrato per miR-155 è a carico della forma matura e non del precursore, ma nessuno ha chiaramente dimostrato come miR-155 possa essere finemente regolato nella sua maturazione. La regolazione della sua maturazione potrebbe influire sulla espressione di numerosi altri *target* sia in maniera diretta sia indiretta. Tra i target ci possono essere citochine e chemochine che sono variamente coinvolte nei diversi tipi cellulari.

2. SCOPO DEL LAVORO

L'importanza dei meccanismi post-trascrizionali per la regolazione dell'omeostasi del sistema immunitario e la risposta all'invasione di agenti patogeni sta diventando sempre più oggetto di studio. In questo lavoro è stata focalizzata l'attenzione al contributo dei microRNA (miRNA) nell'attivazione dei macrofagi trattati con il lipopolisaccaride della parete batterica (LPS).

E' stato osservato che se è ridotta l'espressione di una delle proteine più importanti per il processamento dei miRNA , Dicer, nei macrofagi trattati con LPS, si ha un aumento dell'espressione di alcuni mediatori dell'infiammazione.

L'analisi dei miRNA, mediante microarray, in queste cellule rivela che il trattamento con l'LPS induce significativamente l'espressione di un solo miRNA, il miR-155.

L'induzione della sua espressione dipende dall'aumento di velocità della sua maturazione. La proteina di legame all'RNA (KSRP), lega il loop terminale del precursore di miR-155 e ne induce la sua maturazione. Sia l'inibizione dell'espressione di KSRP che di miR-155 aumenta notevolmente gli effetti sull'espressione dei target dell'infiammazione, già mossi per azione dell'LPS. E l'effetto che si ha dopo il *knock-down* di KSRP cambia per la presenza di un miR-155 sintetico aggiunto.

Questi studi hanno quindi lo scopo di evidenziare un ruolo dei miRNA, in particolar modo di miR-155, nella regolazione dell'espressione di taluni messaggeri dell'infiammazione mossi nei macrofagi attivati, e di mettere in evidenza come la proteina KSRP possa influire notevolmente sulla regolazione post-trascrizionale di miR-155 e quindi sulla sua funzione.

3. MATERIALI E METODI

3.1 Reagenti, proteine ricombinati e anticorpi

Il lipopolisaccaride della parete batterica, l'Interferon – gamma (IFN-y), e l'acido polinosinico:policitidilico p(I:C) sono stati acquistati da Sigma (St. Louis, MO, USA). Il TNF-α è stato acquistato dalla ditta Roche (Mannheim, Germania). La proteina ricombinante di KSRP e GST-p37AUF1 espressi in Baculovirus sono stati donati da Briata P. (Gherzi R., et al., 2006) L'anticorpo policolonale anti-KSRP (Gherzi R., et al., 2006- Briata P., et al., 2005) donato da Gherzi R. è stato purificato per affinità. L'anticorpo monoclonale anti α-tubulina è stata acquistata da Sigma (St Louis MO, USA), l'anti-IKK-B (#07-580) e anti-IKK-ε (#07-580) sono stati acquistati da Millipore (Billerica MA, USA). L'anticorpo policlonale anti-TTP (H-120) è stato acquistato da Santa Cruz (Santa Cruz, CA, USA).

3.2 Topo *Knock Out (KO)* di Dicer allele condizionale

Il metodo seguito per creare un topo knock-out di Dicer allele condizionale è stata la tecnica RMCE *(Recombinase Mediates Cassette Exchange)* che comporta lo scambio di una sequenza di DNA con una sequenza presente sul plasmide. La strategia utilizzata è quella che utilizza la ricombinasi CRE (Harfe B.D. et al., 2005). I siti riconosciuti dalla ricombinasi CRE sono detti siti loxP. In questa metodologia, le cellule sono cotransfettate con un plasmide che contiene il transgene di Dicer fiancheggiato dalla stessa coppia di siti di riconoscimento per la CRE e un plasmide che esprime la ricombinasi.

A

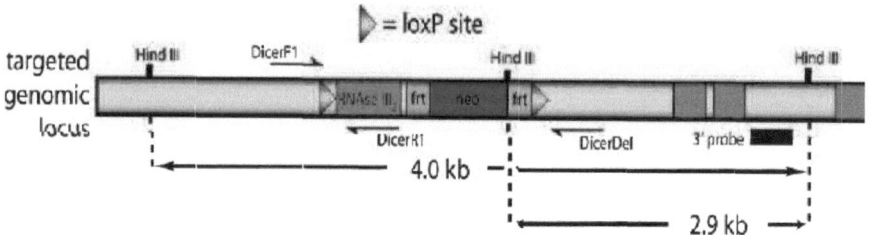

```
                                ▷ = loxP site
targeted      Hind III   DicerF1              Hind III                      Hind III
genomic
locus
                         DicerR1                       DicerDel        3' probe
                    |←————————— 4.0 kb ————————→|
                                              |←—————— 2.9 kb ——————→|
```

B

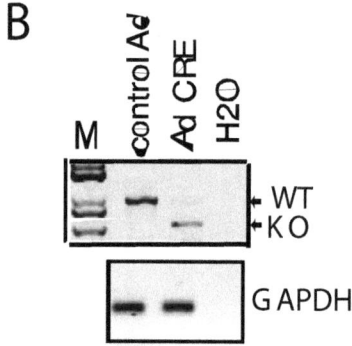

Figura 6

(A) Rappresentazione schematica del locus genomico di Dicer;
(B) L'RNA totale è stato estratto da cellule BMDM isolate dal topo -/- Floxed di Dicer e infettate sia con un Adenovirus di controllo che con un Adeno-CRE (Ad-CRE).

Poiché i siti vicini alla sequenza di DNA da ricombinare sono incompatibili, essi possono ricombinare solo con l'identico sito presente sull'altra cassetta. Ciò determina lo scambio della cassetta genomica con la cassetta del plasmide mediante un doppio incrocio reciproco. La cassetta integrata è stabile poiché l'incompatibilità dei due siti previene la sua excissione (nel caso di siti nello stesso orientamento) o inversione (nel caso di orientamento opposto), e la trasfezione di un largo eccesso di plasmide impedisce che la cassetta riposizionata sia nuovamente scambiata con la sequenza genomica: l'unica sequenza che viene inserita in questo modo è il gene esogeno senza porzioni plasmidiche. Nel nostro caso, l'allele condizionale di Dicer (Dicerflox) è stato creato mediante l'inserimento di una parte dell'esone che codifica per una parte del II dominio della proteina RNASE III (fig. 6 A). L'Adenovirus che esprime la ricombinase-CRE, Ad-CMV-CRE, è stato prodotto da Vector BioLab (Eagleville, PA, USA). L'Adenovirus ricombinante è stato, poi, utilizzato per infettare le cellule di derivazione macrofagica del midollo osseo del topo allele condizionale di Dicer e di un topo di controllo. Dopo l'infezione la proteina Dicer dei macrofagi aveva subito una rimozione di 90 aminoacidi.

3.3 Cellule di macrofagi derivate dal midollo osseo di topo (BMDM)

Sono state isolate le cellule del midollo osseo (BMDM) del topo allele condizionale di Dicer e del topo di controllo. Un milione di cellule del midollo osseo sono state distribuite in piastre da 10 cm con 5 ml di terreno di coltura, DMEM in cui è stato aggiunto il 20% di siero fetale di bovino privo di endotossina, il 30% di terreno L929, l'1% di L-glutamina, l'1% di Penicillina/streptomicina, l'0.5% di Sodio Piruvato, lo 0.1% di β-mercamptoetanolo. Il terreno è stato cambiato ogni due giorni.

3.4 Trasfezione cellulare

I macrofagi di BMDM e della linea cellulare di RAW264.7 (acquistata dall'ATCC, Sesto San Giovanni, Italia) sono stati elettroporati usando il metodo suggerito da Nucleofector II (Amaxa, Walkersviller, MD, USA).

3.5 Profilo di espressione dei microRNA

Il saggio e l'analisi di *microarray* è stato effettuato da LC *Sciences* (Houston, TX, USA).
Le cellule BMDM sono state trattate sia con LPS (100ng/ml) sia con un terreno di controllo privo di LPS per 8h. E' stato estratto l'RNA dalle cellule trattate con Trizol (Invitrogen, Carlsband, CA, USA), e arricchito l'estratto di piccoli RNA (40nt) usando il PureLink miRNA *Array* (LC Sciences, Houston, TX, USA).

L'*array HumanMouseRat* (LC Sciences, Houston, TX, USA) usato, comprende 1256 forme mature di miRNA (837 umane, 599 murine, 350 ratto, secondo il database di Sanger ; MirBase versione 11.0).

I dati sono stati analizzati per primo sottraendo il *background* e poi normalizzando il segnale con un filtro LOWESS (*Locally-weigthed Regression*). Sono stati calcolati due set di segnali (trasformati in log2 e bilanciati), il *p-value* e il t-test; i segnali significativi che visualizzano i dati di espressione in maniera differenziale erano quelli con un *p-value* di 0.01.

3.6 Immunoprecipitazione dei complessi di ribonucleoproteine (RIP) e saggio di motilità su gel (*Gel Mobility Shift Assay*)

Il saggio RIP è stato (Chen C.Y., et al., 2000) effettuato su estratti di cellule di BMDM e RAW264.7 stimolate o meno con LPS per 8 h. Le cellule sono state lisate e immunoprecipitate su una membrana di sefarosio in presenza dell'anticorpo della Proteina-A o dell'anticorpo associato alla ProteinaA/ProteinaG a 4°C per tutta la notte. I pellet sono stati sequenzialmente lavati con i seguenti tamponi: Buffer I(0.1%SDS, 1%Triton X-100, 2mM EDTA, 20mM Tris-Hcl, pH8.1, 150mM NaCl); Buffer II (0.1%SDS, 1%Triton X-100, 2mM EDTA, 20mM Tris-Hcl, pH8.1, 500mM NaCl) e Buffer III (0.25M LiCl, 1%NP-40, 1% deossicolato, 1mM EDTA, 10mM Tris-HCl, pH 8.1). L'RNA totale è stato estratto con Trizol (Invitrogen, Carlsband, CA, USA), retrotrascritto in presenza dei *random primer* e amplificato mediante PCR. Le sequenze dei *primer* sono descritte in dettaglio nella Tabella III. Dopo il trattamento con l'RNase T1, il complesso RNA-proteine è stato risolto e visualizzato su un gel di poliacrilamide al 5% non denaturante (*gel motility shift assay*).

3.7 KSRP *knock-down* mediante *short interference* RNA (*si*RNA) e *short hairpin* RNA (*sh*RNA). Espressione di miR-155 e di ANTI-miR-155

Per fare il knock-down della proteina murina di KSRP è stato usato un oligonucleotide per *si*RNA che riconosce una sequenza del trascritto di KSRP (5'-GGACAGUUUCACGACAACG-3') e un oligonucleotide che riconosce il trascritto della Luciferasi (5'-CGUACGCGGAAUACUUCGAUU-3') che fa da controllo. Questi oligonucleotidi sono stati fatti sintetizzare dalla ditta TIB MolBiol, Genova, Italia.

Per fare il *knock-down* della proteina murina di KSRP in maniera stabile, il precedente oligonucleotide era stato clonato nel vettore di espressione pSUPER-Puro (Oligoengine, Seattle, WA, USA). Sono state transfettate le cellule RAW264.7 mediante elettroporazione utilizzando il metodo suggerito da NucleoFector II (Amaxa, Walkersviller, MD, USA). Il Pool di cellule transfettate sono state selezionate in un terreno di coltura che conteneva 3ug/ml di Puromicina (Sigma, St Louis, MO, USA). Il controllo negativo anti-miR , un anti-miR155, così come il microRNA maturo miR-155 (Quiagen, Milano, Italia) sono stati transfettati per elettroporazione come descritto in precedenza.

3.8 Analisi degli RNA mediante Northen Blot

L'RNA totale (10ug/linea), è stato fatto correre su un gel di poliacrilamide al 15%, e trasferito elettricamente su una membrana Hybond N+ (GE Healthcare, Buckinghamshire, Inghilterra).

Le membrane sono state fatte reagire per tutta la notte con un miRNA marcato antisenso in una soluzione ExpressHyb (Clontech, Montain Viuw, CA, USA).

Avvenuto il legame del miRNA specifico con l'RNA trasferito, si lava la membrana tre volte con 2X SSC e 0.05% SDS, due volte con 0.1% SSC e 0.1% SDS, e si espone per tutta la notte al buio. Si analizza usando uno Storm 860 PhosphorImager (GE Healthcare, Buckinghamshire, Inghilterra).

La stessa membrana è stata fatta reagire, dopo che è stato cancellato il segnale precedente, mediante la bollitura all'1% di SDS, con tre altre differenti sonde. Tra le sonde ibridate è incluso il trascritto che riconosce U6, che è un controllo stabile di espressione.

3.9 RT-PCR quantitativa e semiquantitativa

L'RNA totale è stato isolato mediante miRNeasy mini-Kit (Quiagen, Milano, Italia), trattato con DNAasi I (Promega, Madison, WI, USA), e retrotrascritto con Super Script III (Invitrogen, Carlsband, CA, USA). L'RT-PCR semiquantitativa (Gherzi R., et al., 2006) è stata effettuata su 250 ng di RNA totale, retrotrascritto usando i *primer* oligo-dT. Il controllo interno endogeno per normalizzare il livello dei trascritti analizzati è il trascritto della beta-microglobulina. Per ottimizzare l'esperimento di RT-PCR, sono state effettuate delle prove di PCR in funzione della concentrazione di cDNA usato per ogni tipo di trascritto, in modo da valutare l'espressione effettiva alla concentrazione lineare di cDNA. I prodotti di PCR sono stati analizzati per gel elettroforesi.

Nell'RT-PCR quantitativa, l'RNA è stato trattato con 100ng di DNAasi I ed estratto sia con miRNeasy mini-kit (Quiagen, Milano, Italia) sia con Pure Link Isolation Kit (Invitrogen, Carlsband, CA, USA) che permette l'estrazione di piccole molecole di RNA. Poi è stato retrotrascritto ed eseguita la reazione di PCR quantitativa.

Si utilizza l'IQ Syber Green Mix Super (Bio-Rad, Hercules, Ca, Usa) per evidenziare i frammenti di RNA di piccole dimensioni e la Real Master Mix (5 prime, Hamburg, Germania) che permette di evidenziare i frammenti di più lunghe dimensioni. La macchina usata per la *Real Time* è una RealPlex II Mastercycler (Eppendorf, Milano, Italia). I primer usati per le diverse reazioni di PCR sono descritti nella Tabella III. L'analisi quantitativa delle forme mature di miRNA (miR-PCR) è stata effettuata con il kit NCode-miRNA first-strand synthesys (Invitrogen, Carlsband, CA, USA) e IQ Syber Green Mix Super (Bio-Rad, Hercules, Ca, Usa).

Table III. Primers usati per la reazione di RT-PCR e di q-PCR

Trascritti	Forward primer	Reverse primer
m.IL1B	5'—CAA AAT ACC TGT GGC CTT GG—3'	5'—TTG CTT GGG ATC CAC ACT CT—3'
m.CXCL11	5'—TCT GCT GTC TTG GAA CAT GC—3'	5'—AAC CAC AGA AGG TAG CGT GG—3'
m.IL10	5'— GGT AGA AGT GAT GCC CCA GG—3'	5'— CTG CTC CAC TGC CTT GCT C—3'
m.SOCS3	5'—CAG CCA ATA GGC AGA GAG TTG—3'	5'— GCC AAT GTC TTC CCA GTG TTA—3'
m.TIRAP	5'—TGG ATT CTA CCT CCA GCA CC—3'	5'—CCC TGG CTT TCC TTC TTC TT—3'
m.pri-miR-155	5'— GAC ACA AGG CCT GTT ACT AGC AC—3'	5'— GTC TGA CAT CTA CGT TCA TCC AGC
m.pri-miR-23b	5'—TGT GTC CTT TGT CTC CCA GTC—3'	5'—CAT CCA CAT GTG CTG AGT GTC—3'
m.CCL5	5'—ACA CCA CTC CCT GCT GCT TT—3'	5'—TTC TTC TCT GGG TTG GCA CAC—3'
m.CXCL10	5'—TCC TTG TCC TCC CTA GCT CA—3'	5'—ATA ACC CCT TGG GAA GAT GG—3'
m.NOS2A	5'—CCT TCC GAA GTT TCT GGC AG—3'	5'—AGC ACT CTC TTG CGG ACC AT—3'
m.TLR4	5'—TGC TGC AAC TGA TGT TCC TT—3'	5'—CTC ACA AGG CAT GTC CAG AA—3'
m.IL12B	5'—CAG CAA GTG GGC ATG TGT TC—3'	5'—TCA GGG GAA CTG CTA CTG CT—3'
m.pri-miR-132	5'—TCC CCA CCA CTC CCG AG—3'	5'—CGA GGT AGA TGC ACA GCA GC—3'
m.IKBKE	5'—GCC ATC CCA GGC AGT ATC TA—3'	5'—AGG GCT GAG CCT TTT CTT TC—3'
m.TNF	5'—CTA TGG CCC AGA CCC TCA CA—3'	5'— TTG AGA TCC ATG CCG TTG G—3'
m.CXCL2	5'—TAG TTT CTG GGG AGA GGG TG—3'	5'—GCC ATC CGA CTG CAT CTA TT—3'
m.beta2-microglobulin	5'—AGT TAA GCA TGC CAG TAT GGC C—3'	5'—TTC TTT CTG CGT GCA TAA ATT GTA T—3'
m.miR-155 (qmiR-PCR)	5'— TTA ATG CTA ATC GTG ATA GGG G—3'	
m.miR-23b (qmiR-PCR)	5'— ATC ACA TTG CCA GGG ATT ACC—3'	
m.miR-132 (qmiR-PCR)	5'— TAA CAG TCT ACA GCC ATG GTC G—3'	
m.U6	5'—TTC GTG AAG CGT TCC ATA TTT TT—3'	

3.10 q-PCR dei trascritti espressi in una via di segnalazione cellulare specifica

Sono stati analizzati i trascritti appartenenti alla via di segnalazione specifici del recettore murino *Toll-like* e del segnale di attivazione murino di NFkB mediante StellArray q-PCR kit (Lonza, Walkersville, MD, USA).

I dati sono stati analizzati usando un software analitico Global Pattern Recognition (GPR) che prevede la normalizzazione di ciascun dato di espressione di un gene verso l'espressione di ogni altro gene in modo da eliminare gli errori che si possono verificare se si effettua una normalizzazione verso un unico gene.

L'analisi dei risultati è stata effettuata mediante il programma Bar Harbor Biotechnology (Trenton, ME, USA).

4 RISULTATI

4.1 L'LPS induce la maturazione di miR-155 nei macrofagi murini

I macrofagi che sono stati attivati dall'LPS, esprimono proteine che servono a sviluppare e/o arginare un'infiammazione E' stata valutato, nei macrofagi murini derivati da cellule del midollo osseo, BMDM, quali mediatori dell'infiammazione fossero coinvolti dopo trattamento con LPS a tempi diversi. Mediante l'analisi quantitativa per qPCR sono stati analizzati i trascritti di NOS2A, IL1B, IL12B, TNF-α, CCL5 e di SOCS3, la cui espressione potrebbe essere influenzata dal trattamento. Tutti questi trascritti subiscono un aumento della loro espressione a tempi differenti di induzione (fig.7)

E' noto in letteratura che nel processo infiammatorio si ha il coinvolgimento di alcuni microRNA. Per valutare se ci sono i miRNA che intervengono durante l'attivazione dei macrofagi e quanti ne sono coinvolti, si effettua un *knock-out* della proteina Dicer in cellule di BMDM, isolate e trattate con LPS.

Il *knock-out condizionale* della proteina di Dicer è stato fatto utilizzando la ricombinasi CRE per la generazione di una linea di topi transgenici in cui parti essenziali del gene di Dicer sono state inattivate. Questo è possibile se nel vettore che si usa, si fiancheggia la proteina d'interesse da ripetizioni in tandem di siti loxP (*floxed*). Il vettore utilizzato è un vettore adenovirale AD-CRE, presentato in figura 6 A.

Si effettua un'analisi di espressione dei trascritti che codificano per i mediatori dell'infiammazione su cellule di BMDM dei topi KO, dopo induzione con LPS, e si evidenzia un aumento notevole dell'espressione di IL1B, CXCL11, IL10 e di SOCS3 che è un regolatore negativo della trasduzione del segnale di JAK/STAT (fig.8 A-D) I livelli di espressione del trascritto di TIRAP (fig.8 E) non sono stati modificati. Questi primi risultati molecolari ci possono far dedurre che è possibile, nel nostro contesto di attivazione di macrofagi dei topi KO per Dicer, un coinvolgimento dei miRNA sull'espressione dei mediatori dell'infiammazione.

Per conoscere quali miRNA subiscono una variazione della loro espressione in seguito all'attivazione dei macrofagi dopo LPS, è stato effettuato uno *screening* mediante una analisi di *microarray* su miRNA. La piattaforma utilizza sonde per miRNA secondo la versione di miRBase 11.0, che include 1256 miRNA maturi (599 murini, 837 umani, 350 di ratto).

Nonostante l'alta complessità della versione di *microarray* utilizzato, rispetto a quella utilizzata in altri studi (Taganov K.D., et al., 2006, Tili E., et al., 2007), il numero di miRNA regolati è molto esiguo.

34

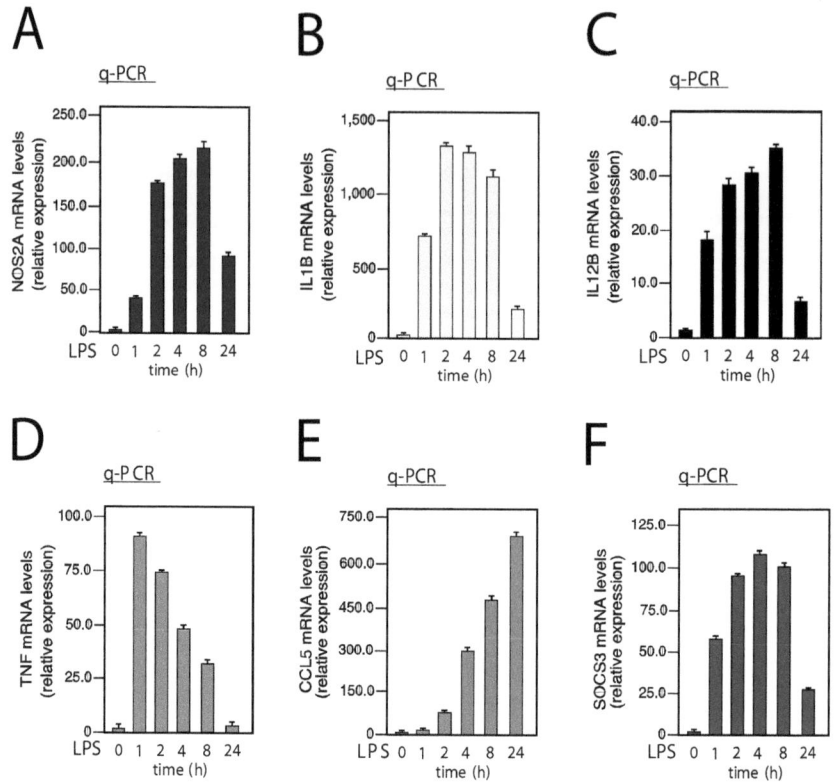

Figura 7

L' LPS induce l'espressione di alcuni mediatori dell'infiammazione nelle cellule BMDM. (A-F)

L'analisi di q-PCR dei trascritti di NOS2A (A), IL1B (B), IL12B (C), TNF (D),CCL5 (E), e SOCS3 (F)
è stata effettuata sia in cellule BMDM di controllo che in cellule trattate con LPS (100ng/ml)
per il tempo indicato. Il valore mostrato è il risultato della media di tre esperimenti indipendenti
(+/- SEM) effettuati in triplicato.

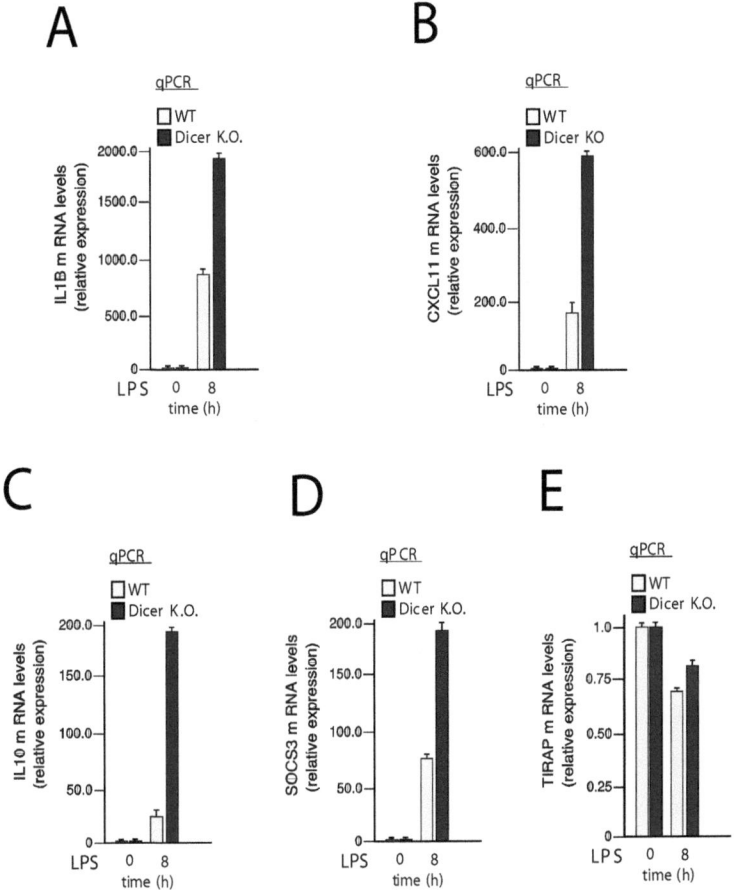

Figura 8

Il Knock-out di Dicer nelle cellule BMDM aumenta la risposta di alcuni mediatori dell'infiammazione.

(A-E) RT-PCR analisi quantitativa (q-PCR) dei trascritti IL1B (A), CXCL11 (B), IL10 (C), SOCS3 (D), e TIRAP (E) sia nelle cellule di controllo Ad (WT) sia in quelle infettate da Ad-CRE- (Dicer K.O).
Le cellule BMDM sono state trattate per 8h con un terreno di coltura completo che contiene 100ng/ml di LPS, e con un terreno normale di controllo. Successivamente l'RNA è stato isolato.
I valori mostrati sono una media (+/- SEM) di tre esperimenti effettuati in triplicato.

Dopo 8 ore di trattamento con LPS si ha un aumento di espressione di miR-155 e di miR-132 ed una riduzione di espressione di miR-320 e di miR-92b. (fig. 9 A). La riduzione di espressione di miR-320 e di miR-92b non è stata confermata dall'analisi quantitativa per qPCR mentre l'aumento di espressione di miR-132 è risultato più basso rispetto al valore rivelato dall'analisi di microarray. Inoltre, l'espressione quantitativa di miR-132 aveva, per lo più, effetto transiente (fig. 9B). L'espressione di miR-155, invece, è stata pienamente confermata sia mediante *Northen blot* (fig. 10 A-B) che mediante l'analisi quantitativa (qPCR). In particolare, L'LPS induce un forte aumento dell'espressione di miR-155 nelle cellule di BMDM che si mantiene nel tempo.

Importante è stato valutare l'espressione della forma matura di miR-155 rispetto a quella del suo precursore. L'incremento di espressione che si ha nelle cellule di BMDM indotte da LPS della forma matura (miR-155) non è accompagnata dal relativo aumento dell'espressione del suo precursore (pri-miR-155). Questo evento suggerisce una regolazione nella velocità della maturazione di miR-155 in seguito al trattamento delle cellule con LPS (fig. 10 B).

Anche in linee cellulari murine di derivazione macrofagica, RAW264.7, stimolate con LPS, è stato evidenziato un effetto simile a quello visto nelle cellule BMDM. La forma matura del miR-155 aumenta la sua espressione a scapito della forma del suo precursore pri-miR-155 (fig.11 A-B). Altri microRNA che nell'array risultano subire un aumento della loro espressione, comunque subiscono un aumento dell'espressione anche della forma del precursore.

L'aumento di espressione della forma matura di miR-155, potrebbe essere dovuta ad un eventuale aumento della trascrizione del precursore che in talune condizione viene immediatamente processato o potrebbe essere dovuto ad un aumento della sua stabilità. E' stata così indagato se il trattamento con l'LPS porta un aumento trascrizionale di miR-155.

A miRNA arrays

miRNAs upregulated by LPS
— mmu-miR-1 55 (p<0.01)
— mmu-miR- 132 (p<0.05)

miRN As downregulated by LPS
— mmu-miR -320 (p<0.05)
— mmu-miR-9 2b (p<0.05)

B qPCR and miR-qPCR

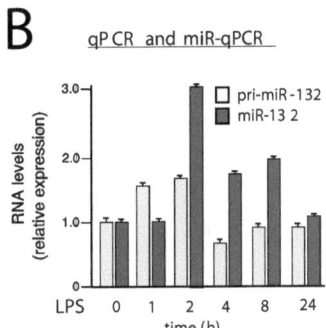

Figura 9
Analisi di espressione dei miRNA, mediante microarray, in cellule BMDM trattate con LPS.

(A) le cellule BMDM sono state trattate per 8h sia con terreno di coltura completo che con LPS (100ng/ml). L'RNA totale è stato estratto da queste cellule e preparato per l'esperimento di microarray), sviluppato da LC Sciences (Houston, TX, USA).
I miRNAs la cui espressione aveva un p-value < 0.05 del controllo rispetto a quelle trattate con LPS sono stati visualizzati.
(B) Analisi q-PCR e qmiR-PCR di miR132 effettuata sugli RNA estratti da cellule BMDM trattate sia con terreno di controllo normale sia con LPS (100ng/ml per il tempo indicato).
I valori mostrati sono una media (+/- SEM) di tre esperimenti indipendenti effettuati in triplicato.

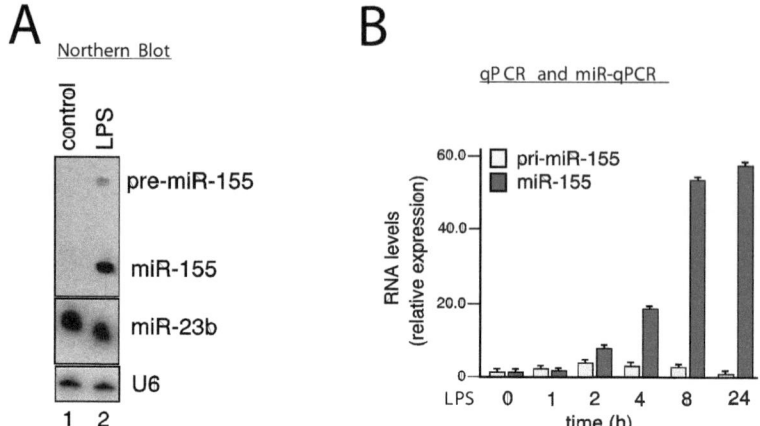

Figura 10
L'espressione di miRNA-155 è indotta dall'LPS nei macrofagi di BMDM indipendentemente dall' espressione del pri-miR-155.

(A) Analisi per Northern blot degli RNA totali estratti da cellule trattate e non trattate con LPS(8h).E' mostrato un blot marcato sia con con una sonda per miR-155, miR-23b che per U6.
(B) Analisi quantitativa per q-PCR e qmiR-PCR effettuata sugli RNA derivati dalle cellule BMDM trattate e non trattate con LPS (100ng/ml per il tempo indicato) .
I valori mostrati sono una media (+/- SEM) di tre esperiemnti indipendenti effettuati in triplicato.

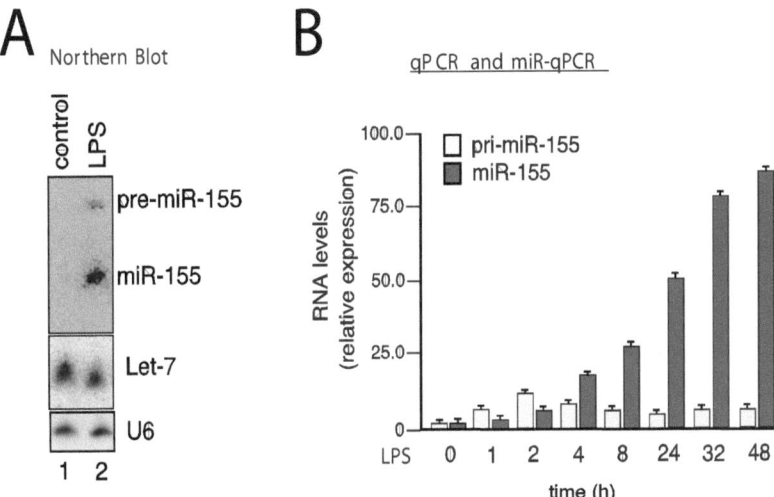

Figura 11
L'espressione della microRNA-155 è indotta dall'LPS nei macrofagi di RAW264.7
indipendentemente dall'espressione di pri-miR-155.

(A) Analisi per Northern blot degli RNA totali estratti da cellule RAW264.7 trattate e
non trattate con LPS(8h). E' mostrato un blot marcato sia con con una sonda per miR-155,
miR-let7 che U6.
(B) Analisi quantitativa per q-PCR e qmiR-PCR effettuata sugli RNA derivati dalle cellule RAW 264.7
trattate e non trattate con LPS (100ng/ml per il tempo indicato) . I valori mostrati sono una media
(+/- SEM) di tre esperimenti indipendenti effettuati in triplicato.

La regione da cui deriva miR-155 è nota. Il miR-155 fa parte di un esone del gene BIC e il promotore di BIC regola anche l'espressione del precursore di miR-155.
Mediante un esperimento di immunoprecipitazione della cromatina seguita da sequenziamento *(ChIP-seq)*, è stato possibile capire se la regione di BIC è regolata a livello del suo promotore dopo

Milano (De Santa F., Natoli G.) che ha collaborato con noi, evidenziano che alla presenza di LPS, le cellule non esprimono significativamente il trascritto di BIC. Questo ci consente di confermare che l'aumentata espressione di miR-155 è dovuto piuttosto ad una più efficace maturazione o un maggiore mantenimento della stabilità del miR-155 in cellula.

4.2 La proteina di legame all'RNA, KSRP, interagisce con il precursore di miR-155, pri-miR-155, e favorisce la sua maturazione

Recentemente, è stato evidenziato che la proteina di legame all'RNA, KSRP, interagisce attraverso il dominio *K-homology* (KH), con il *loop terminale* di una classe di precursori di microRNA. Questo legame ne favorisce la loro maturazione (Trabucchi et al., 2009)

Infatti KSRP, mediante l'interazione con il complesso molecolare nucleare di cui fa parte la proteina Drosha e il complesso di proteine citoplasmatico di cui fa parte Dicer, influisce sul processo di maturazione di un microRNA. Questa influenza sulla maturazione avviene sia a livello del processamento di un pre-microRNA a pri-microRNA che dal nucleo passa nel citoplasma, sia a livello della maturazione di un pri-microRNA a microRNA (fig. 5). Nel lavoro di Trabucchi (2009) si è messo in evidenza che nella linea cellulare di Hela, la riduzione di espressione della proteina di KSRP portava ad una sostanziale riduzione dell'espressione di alcuni microRNA, tra cui miR-155.

L'esperimento che ha sostenuto questi dati è un analisi di *microarray su miRNA*, seguito da una conferma per *Northen Blot*.

Per capire, dunque, se il precursore di miR-155 potesse legare KSRP anche nei macrofagi, e di conseguenza influire sulla sua maturazione è stata eseguita una immunoprecipitazione degli RNA che si legavano alla proteina KSRP dopo trattamento con LPS. L'esperimento è stato condotto sulle linee cellulari di macrofagi RAW264.7 e il controllo negativo dell'esperimento è la proteina Tristetetraprolin (TTP), che analogamente a KSRP è una proteina capace di legare gli RNA.

Secondo i risultati ottenuti, KSRP è l'unica proteina, capace di legare il precursore di miR-155 con una cinetica dipendente dal tempo di trattamento delle cellule con LPS, TTP non interagisce (fig. 12 A). Il controllo della capacità dell'anticorpo per TTP di legare gli RNA è stata fatta immunoprecipitando il trascritto di TNF-α che, è noto, avere affinità per TTP (Deleault KM et al.,2008). (fig. 12 C) Come controllo negativo, è stato utilizzato il precursore di miR23b che non immunoprecipita sia con l'anticorpo di KSRP che con l'anticorpo di TTP (fig. 12 D).

Mediante l'esperimento di *mobility shift assay* è stato evidenziato che la proteina ricombinante di KSRP lega con alta affinità il *loop terminale* del precursore di miR-155, mentre non interagisce per nulla con il precursore di miR23b. (fig. 12 B). Come controllo negativo dell'esperimento è stata utilizzata la proteina di legame all'RNA p37AUF1, che non ha affinità al precursore di miR-155.

Per capire se KSRP possa essere l'effettivo responsabile della maturazione del miR-155, è stata analizzata l'espressione della forma matura di miR-155 in cellule di macrofagi in cui era stata ridotta l'espressione della proteina di KSRP. La riduzione dell'espressione della proteina di KSRP è stata eseguita sia

in maniera transiente mediante *short Interference* che in maniera stabile per *short hairpin*. L'esperimento è stato condotto nelle cellule di BMDM e nella linea cellulare RAW264.7. La riduzione dell'espressione della proteina KSRP è stata messa in relazione all'espressione della forma matura di miR-155 e del suo precursore.

42

In queste cellule, *si*KSRP e *sh*KSRP, si ottiene una riduzione dell'espressione di miR-155 e un sostanziale aumento dell'espressione dei suoi precursori (pre-pri), contrariamente a quanto succedeva nelle cellule in cui KSRP era funzionante. Questo dato è stato confermato per Northen Blot e per PCR quantitativa (fig. 13 A-B), sia in cellule di BMDM in cui la riduzione di KSRP era stata effettuata solo in maniera transiente sia in cellule RAW264.7 in cui la riduzione di KSRP era stata effettuata sia in maniera stabile sia in maniera transiente (fig. 13 C - 14 A-C). Questo accumulo dell'espressione del precursore, pri-miR-155, è dipendente dal tempo di trattamento delle cellule con LPS. Al termine di queste analisi, si può supporre, quindi, che KSRP possa essere il promotore della maturazione di miR-155 nei macrofagi attivati dalla somministrazione di LPS.

4.3 Nei macrofagi murini trattati con LPS, i trascritti che codificano per i mediatori dell'infiammazione sono influenzati dall'espressione del microRNA-155

Per comprendere il contributo del miR-155 sui trascritti che codificano per i mediatori dell'infiammazione durante l'attivazione dei macrofagi murini mediata da LPS, si focalizza l'attenzione su alcune vie di trasduzione del segnale specifiche. Le vie di trasduzione del segnale che sono coinvolte dal trattamento con l'LPS sono quelle relative all'attivazione dei recettori TLR e del recettore di NFKB. Si sono analizzate queste vie in dettaglio mediante un *microarray pathway-specifico*.
trattate e non trattate con LPS (100ng/ml). I valori sono una media di tre esperimenti indipendenti effettuati in triplicato.
Si transfettano le cellule di RAW264.7 , con un anti-miR-155 specifico e con un controllo negativo antimiR più generale e si trattano con LPS a tempi diversi. I trascritti analizzati dal *microarray* sono poi stati validati mediante

qPCR. Nella tabella IV, sono descritti i risultati. L'LPS e la riduzione di espressione di miR-155 3permette un aumento maggiore di espressione dei trascritti di parecchi mediatori dell'infiammazione presenti negli *array specifici*. In fig.15 si mostra l'aumento dell'espressione di taluni mediatori dell'infiammazione più rilevanti, come IL1B, CCL5, CXCL10, CXCL11, SOCS3, IL10 e NOS2A (che non è presente negli array).

Lo stesso risultato si ottiene nelle cellule BMDM transfettate con lo stesso anti-miR-155 specifico, per queste cellule nella lista è aggiunto anche il trascritto di IL12B.

Al termine di queste analisi, si cerca, mediante metodi bioinformatici *(MIRANDA, TargetScan, PicTar)*, se qualcuno di questi trascritti che codificano per i mediatori dell'infiammazione abbia, all'interno della loro sequenza, regioni complementari a miR-155. Nessuno di questi ne presenta. Quindi, dall'analisi *in silico* si conclude che il miR-155 non interagisce direttamente su questi trascritti ma probabilmente, influenza la loro espressione attraverso una via mediata da altre proteine.

Estendendo questa ricerca *in silico* ai trascritti mossi nell'analisi di *microarray pathway specifico*, si trova che nella regione trascritta e non tradotta al 3' (3'UTR), del gene IKB-cinasi, IKK-ε (IKBKE), vi è una regione riconosciuta da miR-155. In letteratura (Tili E et al.,2007- Lu F.,2008) è stato già descritto che IKBKE è un target di miR155 nelle cellule HEK-293 e nelle linee cellulari di linfoblastoidi B.

Sia nelle cellule di BMDM che nelle RAW264.7, si conferma la diminuita espressione sia del trascritto che della proteina di IKK-ε, nel momento della massima espressione di miR-155 (8 e 24 h di LPS) (fig. 16) mentre nelle cellule di BMDM transfettate con un antiMIR-155 si previene questo effetto.

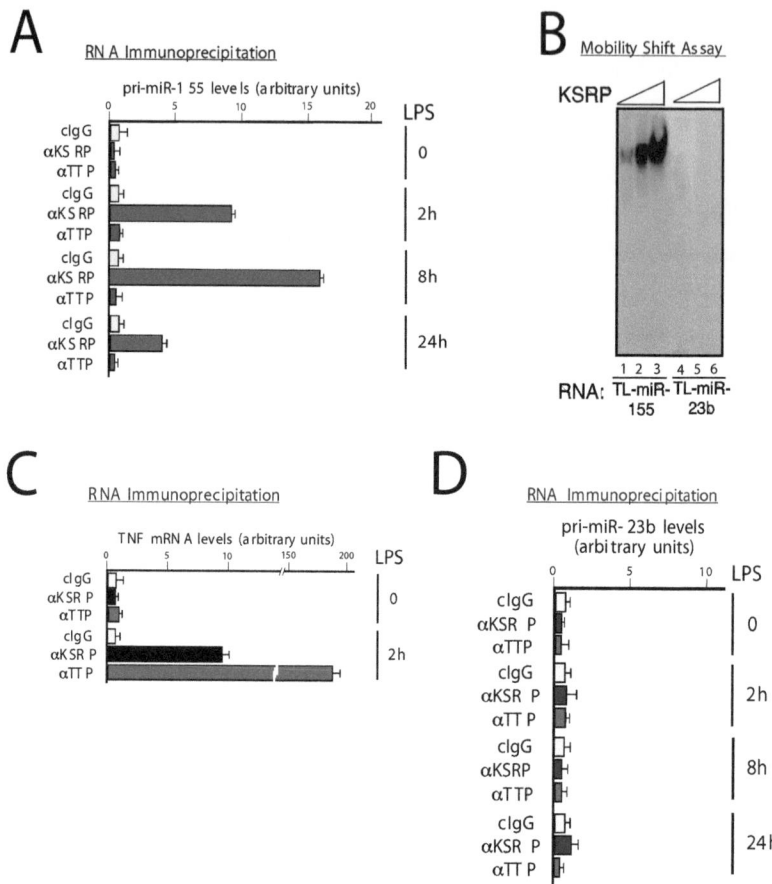

Figura 12
La proteina KSRP interagisce con il terminal loop del precursore di miR-155.

(A) Immunoprecipitazione di pri-miR155 con un anticorpo anti KSRP. I macrofagi della linea cellulare RAW264.7 sono stati trattati con LPS (100ng/ml) per il tempo indicato, lisati i pellet, l'estratto cellulare totale è stato immunoprecipitato come indicato. L'RNA purificato dagli immunocomplessi sono stati poi, analizzati mediante q-PCR.
(B) L'interazione di RNA marcato, P32, relativo alla porzione del terminal loop del precursore di miR-155 o del precursore di miR-23b con la proteina ricombinante purificata di KSRP (50-300 nM) è stata misurata mediante il saggio di gel mobility shift.
(C) Immunoprecipitazione del trascritto di TNF con l'anticorpo anti-TTP
(D) Nè l'anti-KSRP, nè l'anti TTP immunoprecipitano il precursore di miR23b nei macrofagi della linea cellulare RAW264.7 trattati con LPS.

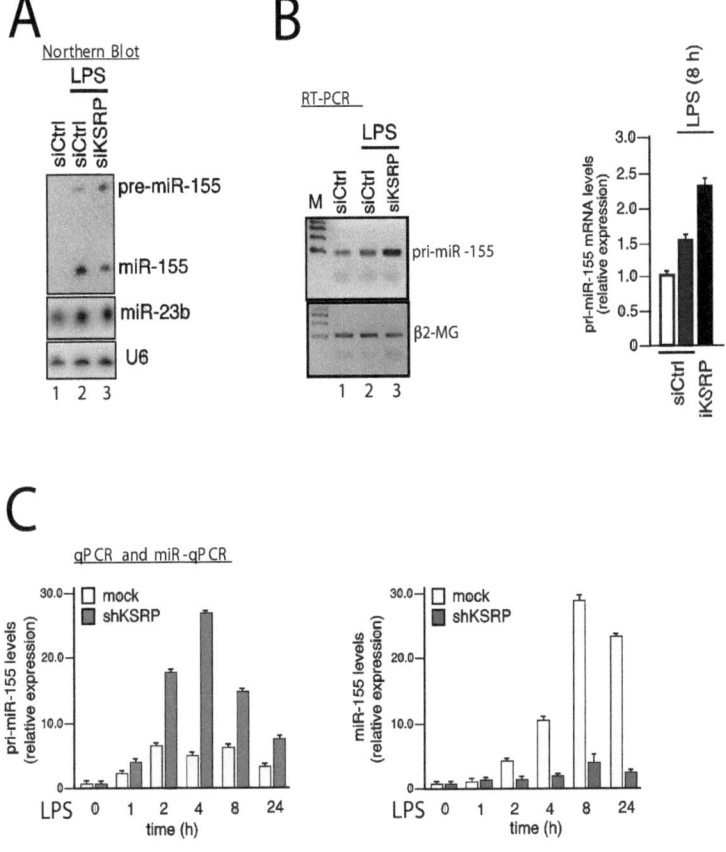

Figura 13

(A) Northen blot su RNA totale purificato dalle cellule di BMDM transfettate sia con siRNA
Luciferase (siCtr) che con siKSRP (siKSRP) e trattate e non trattate con LPS(100ng/ml, 8h).
E' rappresentato il blot relativo all'ibridazione con la sonda per miR-155, miR23b e U6.
(B) RT-PCR su RNA purificato da BMDM transfettate sia con siCTR che con siKSRP,
trattate e non trattate con LPS(100ng/ml, 8h) l'intensità della banda su gel è il risultato
di una media (+/-SEM) di tre esperimenti indipendenti (figura a destra)
(C) A sinistra, q-PCR e qmiR-PCR ,a destra, su RNA di RAW264.7, shCtr, shKSRP, trattate e non
trattate con LPS (100ng/ml, per il tempo indicato). I valori sono una media (+/- SEM) di tre
esperimenti indipendenti effettuati in triplicato.

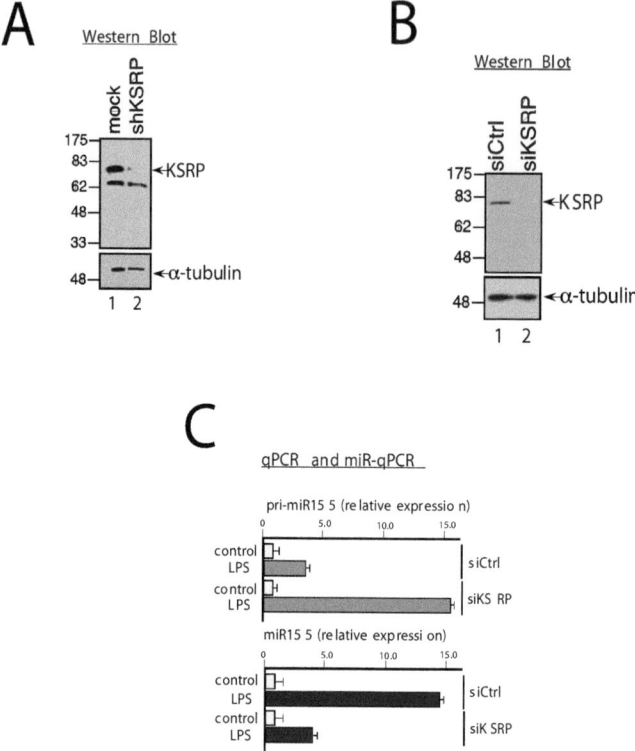

Figura 14

(A) Western Blot di un estratto proteico di RAW264.7 transfettate con pSuper (controllo)
e pSuper-shKSRP (shKSRP)
(B) Western blot di un estratto proteico di RAW264.7 transfettato con un siLuciferase (siCtr)
e un siRNA per KSRP (siKSRP)
(C) q-PCR e qmiR-PCR effettuate su RNA estratto dalle RAW264.7 transfettate con siCtr e siKSRP
trattate e non trattate con LPS (100ng/ml). I valori sono una media di tre esperimenti indipendenti
effettuati in triplicato.

Tabella IV. Espressione dei geni che codificano per proteine coinvolte nell'infiammazione, in macrofagi di RAW264.7 transfettate sia con l'anti-miR-155, trattate e non trattate con LPS (100ng per 8h)

Simbolo del gene	Fold Change (control vs. LPS) (anti-miR controllo transfezione)	p-value	Fold Change (control vs. LPS) (transfezione anti-miR-155)	p-value
CXCL11	94.5	0.007	777.2	1.3 x 10-5
CCL5	61.1	0.0005	141	1.8 x 10-5
IL1B	144	0.005	328.1	2.6 x 10-5
TNFAIP	7.6	0.0002	9.6	0.0001
FOS	-3.4	0.0007	-3.5	0.0005
CXCL10	9	0.006	13.5	0.0008
CCL3	18	0.001	29	7.6 x 10-5
TREM2	-6.8	0.005	-5.5	0.0006
SOCS3	3.5	0.001	6.8	0.001
IRF7	2.5	0.005	7	0.0007
TNF	3.9	0.001	5.2	0.001
NOX4	7.5	0.005	-3.6	0.001
CCL4	32	0.005	28.3	0.001
IL10	5.2	0.005	10.8	0.005
CASP1	2.5	0.005	2.9	0.005
BCL3	7.6	0.005	2.7	0.005
MYD88	1.3	0.005	2.1	0.005
AKT1	-2.4	0.005	-2.3	0.005
TIRAP	-1.6	0.005	-21	0.005

Simbolo del gene	Fold Change (control vs. LPS) (anti-miR controllo transfezione)	p-value	Fold Change (control vs. LPS) (transfezione anti-miR-155)	p-value
HSP90B1	-3.1	0.005	-1.8	0.005
RELA	-2.1	0.005	-1.9	0.005
CARD9	-3.1	0.005	-2.1	0.005
IKKE	-3.2	0.005	-1.1	0.005
TLR4	-7	0.005	-2.4	0.005
CYLD	-4.8	0.005	-2.4	0.005
TLR3	-5	0.005	-2.4	0.005
CSK	-2.9	0.005	-1.3	0.005
RAC1	-8.1	0.005	-2.4	0.005
TRAF3	3.1	0.005	-1.2	0.005
NOD2	4.6	0.005	4.2	0.005
STAT1	3.8	0.005	5	0.005
JUN	-3.3	0.005	-1.2	0.005
NFKB1	2.4	0.005	2.4	0.005
NFKB2	2.3	0.005	2.4	0.005
RIPK2	2	0.005	2	0.005
NFKBIA	3	0.005	3	0.005
IRAK1BP1	-4.9	0.005	-3.4	0.005
MAP3K7	-2.6	0.005	-2.8	0.005

Sono indicati i trascritti che abbiano un fold-change >2. I fold change derivano da 4 esperimenti indipendenti di microarray ciascuno presente in triplicato. Solo i geni che presentano un p-value < 0.005 sono presenti nella lista. L'analisi dei dati è stata fatta usando il programma fornito da LONZA (Lonza,Walkersville,USA)

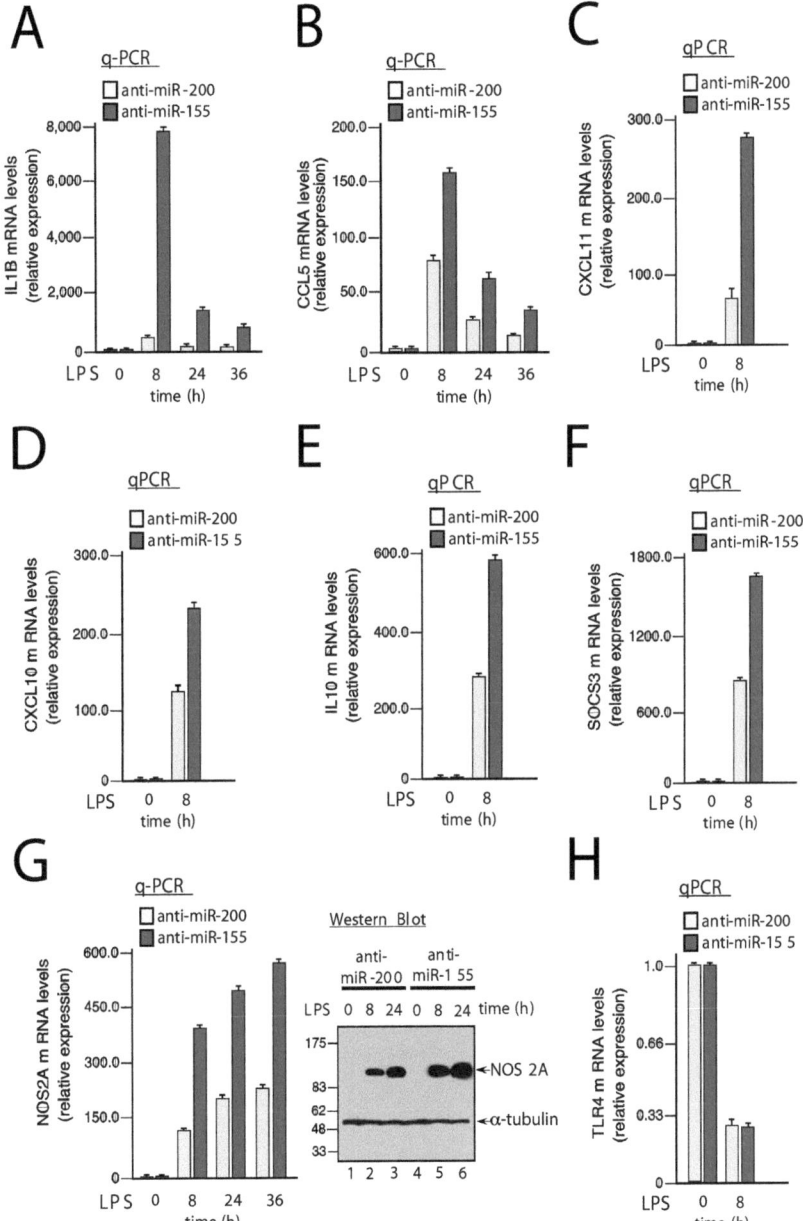

Figura 15

Figura 15

Nei macrofagi della linea cellulare RAW264.7, transfettata con anti miR-155 e un anti miR-200, l'LPS aumenta l'espressione di alcuni mediatori dell'infiammazione.

(A-F) q-PCR dei trascritti per IL1B (A), CCL5 (B), CXCL11 (C), CXCL10 (D), IL10 (E), E SOCS3 (F)
Le cellule sono state trattate con 100ng/ml di LPS per il tempo indicato.
(G) q-PCR (sinistra) e analisi di immunoblot (destra) dell'espresione di NOS2A in RAW264.7 non presente negli array.
(H) q-PCR del trascritto TLR4 la cui espressione non è influenzata dall'anti-miR155 nell'esperimento di microarray (tabella IV). I valori mostrati sono una media (+/-SEM) di tre esperimenti indipendenti effettuati in triplicato.

4.4 L'LPS, è il reagente molecolare che induce maggiormente l'aumento di espressione del miR-155 nei macrofagi

La risposta infiammatoria nei macrofagi, può essere indotta anche da altri reagenti molecolari, come IFN-γ, il TNF-α, o attraverso intermediari virali. Quindi, per completezza, si valuta se l'induzione di attivazione dei macrofagi da parte di questi altri reagenti molecolari potesse evidenziare l'aumento di maturazione di miR-155 come è stato visto per LPS.

Si tratta la linea cellulare RAW264.7 con IFN-γ (2ng/ml) e TNF-α (10ng/ml), e si evidenzia che dopo induzione con LPS si ha un aumento di espressione di miR-155 rispetto all'espressione del suo precursore, analogamente a quanto succedeva con l'LPS. Questa induzione dell'espressione di miR-155 è però evidente in minor misura se l'attivazione dei macrofagi è mediata da TNF-α (fig. 17C-F-I). Inoltre, l'intermediario virale sintetico poly (I:C) (DNA a doppia elica), causa, al contrario, un aumento sostanziale dell'espressione del precursore di miR-155 rispetto alla forma matura (fig. 17 I). Si deduce, dunque, che tra tutti i reagenti molecolari che possono attivare la risposta infiammatoria nei macrofagi, l'LPS è il reagente che più induce l'espressione della forma matura di miR-155 rispetto al precursore.

4.5 La proteina KSRP, regola l'espressione di alcune citochine pro- infiammatorie in un modo miR-155 dipendente

L'evidenza che KSRP promuove la maturazione di miR-155, porta ad investigare se una riduzione di espressione della proteina di KSRP possa influire anche sui mediatori dell'infiammazione.

Nelle cellule di RAW264.7 e BMDM in cui era stata effettuata la riduzione dell'espressione della proteina di KSRP mediante *short interference* e *short hairpin*, si ha una forte induzione dell'espressione di IL1B, IL12B, CCL5, CXCL10,

CXCL11, SOCS3, IL10 E NOS2A, che era stata già vista con trattamento con LPS (fig. 18 A-G). Interessante è stato verificare che, l'effetto che si è avuto dopo l'aggiunta per trasfezione in queste cellule di un miR-155 sintetico. Si è ottenuta una riduzione dell'espressione dei trascritti suddetti che codificano per taluni mediatori dell'infiammazione. Questi risultati sono stati comparati agli effetti di una trasfezione con un altro microRNA, ininfluente all'LPS, miR23b, che fa da controllo negativo. (fig. 19 A-F)

Si conferma, quindi, che KSRP, agisce sulla maturazione di miR-155 e può controllare l'espressione dei mediatori dell'infiammazione mossi durante l'attivazione dei macrofagi.

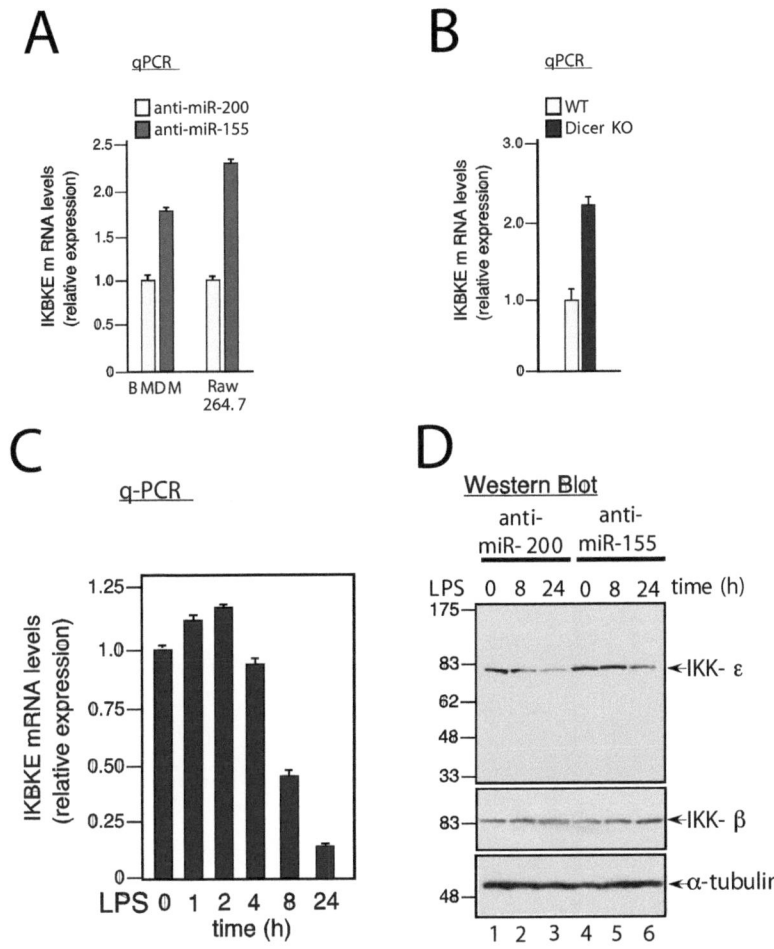

Figura 16
miR-155 è responsabile della diminuita espressione di IKBKE nei macrofagi indotti da LPS.

(A) la transfezione di anti-miR155 sia nelle RAW264.7 che nelle BMDM aumenta l'espressione di IKBKE. (B) nelle cellule BMDM infettate con Ad-CRE (Dicer KO) l'espressione di IKBKE è aumentata.
(C) Il trattamento con LPS (100ng/ml per il tempo indicato) nelle cellule BMDM diminuisce l'espressione di IKBKE. (D) Western Blot di IKK-e (pannello superiore), IKK-B (al centro), e a-Tubulina (pannello inferiore) nelle RAW264.7 transfettate con un anti-miR200 (Ctr), e un anti-miR155, e trattate con 100 ng/ml di LPS per il tempo indicato.

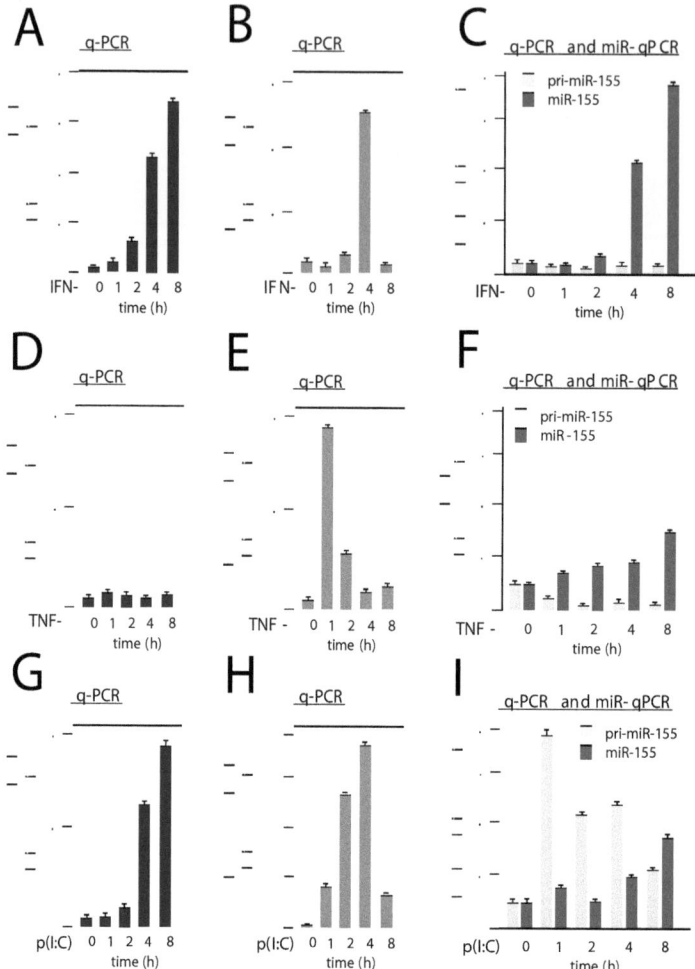

Figura 17

Effetti di differenti stimoli cellulari sull'espressione di miR-155 e del suo precursore pri-miR-155.
I grafici sono il risultato di un analisi per q-PCR e q-miRPCR effettuata sull'RNA estratto di RAW264.7
trattato e non trattato con INF-y (2ng/ml; A-C), TNF-a (10ng/ml; D-F), o p(I:C) (2ug/ml; G-I).
I valori mostrati sono una media (+/-SEM) di tre esperimenti indipendenti effettuati in triplicato.

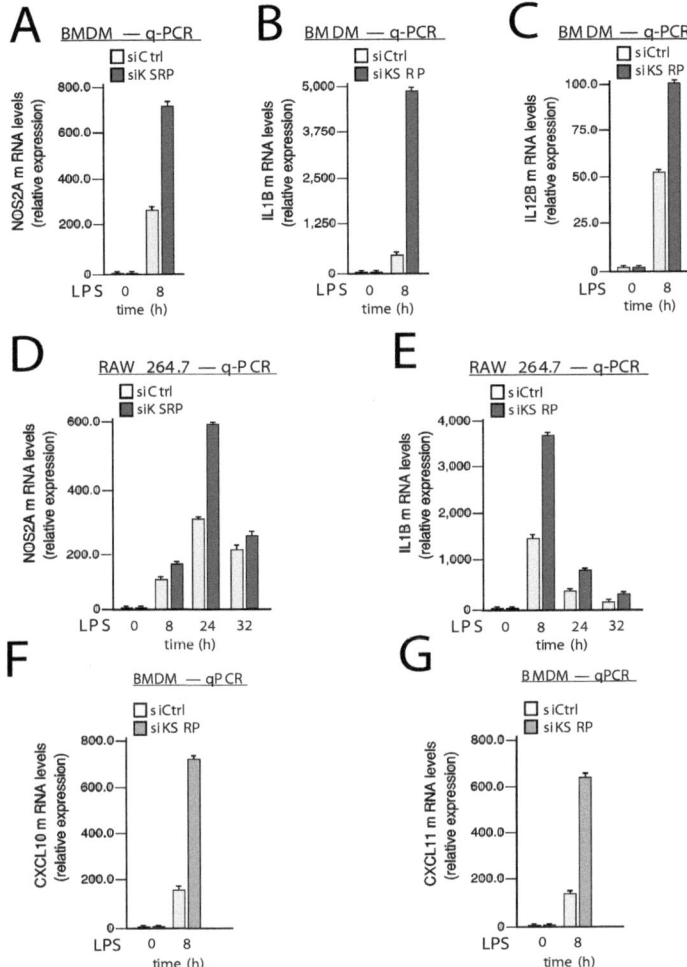

Figura 18
Nei macrofagi , la diminuita espressione di KSRP, induce l'espressione di alcuni mediatori dell'infiammazione in un modo miR-155 dipendente.

(A-C) q-PCR dei trascritti per NOS2A(A), IL1B (B), e IL12B(c) in cellule BMDM transfettate sia con siCtr che con siKSRP. Le cellule sono state trattate con 100ng/ml di LPS per 8h e l'RNA estratto e analizzato.
(D-E) q-PCR per il trascritto di NOS2A (D) e IL1B (E) nelle RAW264.7 transfettate con siCtr e siKSRP. Le cellule sono state trattate con 100ng/ml di LPS per 8h e l'RNA estratto e analizzato.
(F-G) q-PCR dei trascritti per CXCL10 e CXCL11 in cellule BMDM transfettate con siCtr e con siKSRP. Le cellule sono state trattate con 100 ng/ml di LPS per 8h e l'RNA è stato estratto e analizzato.

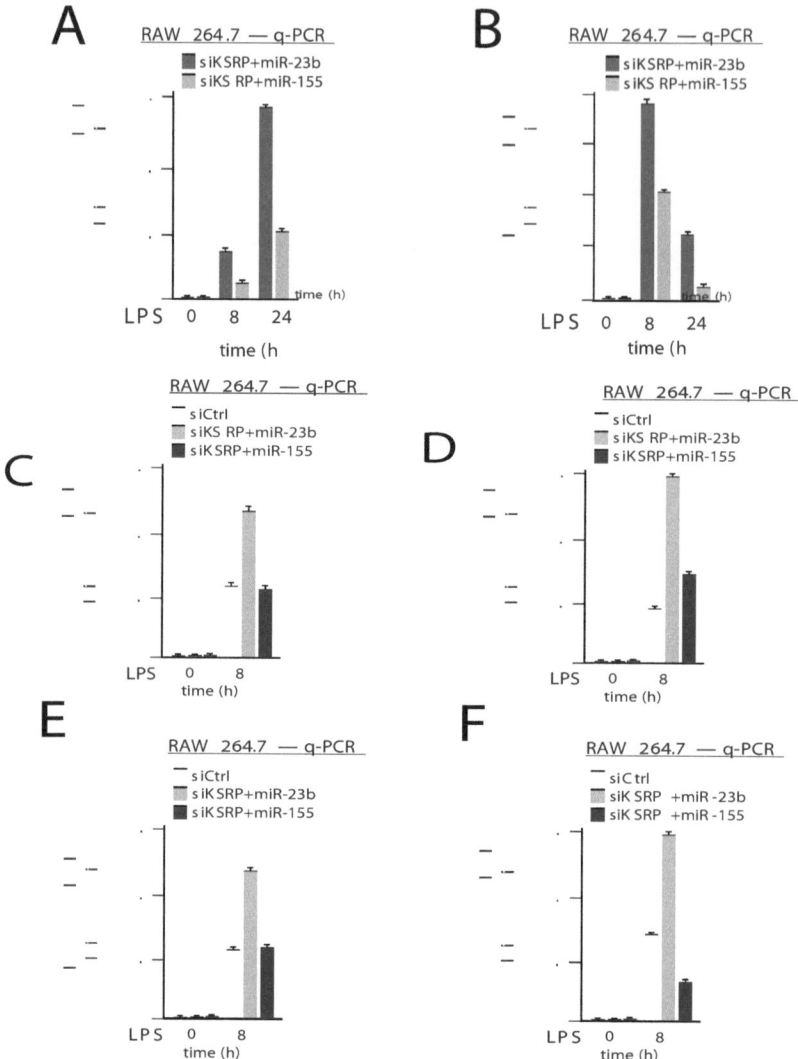

Figura 19
Analisi di espressione dei trascritti che codificano per proteine infiammatorie in RAW264.7
siKSRP co-transfettate con miR-23b e miR-155 sintetici.

(A-B) q-PCR dei trascritti di NOS2A e IL1B
(C-F) q-PCR per i trascritti di CXCL10 (A), CXCL11 (B), IL10 (E) E SOCS3 (E),
Le cellule sono state trattate con 100ng/ml di LPS per l'intervallo di tempo indicato,
l'RNA estratto e analizzato. I valori mostrati sono una media di tre esperimenti
effettuati in triplicato.

5 DISCUSSIONE E CONCLUSIONI

In questo lavoro, abbiamo mostrato che l'LPS induce l'aumento di espressione del microRNA-155 nei macrofagi murini e ne permette l'induzione della sua maturazione.

La proteina che lega l'RNA, KSRP, è richiesta per il processo di maturazione di miR-155. Il MicroRNA-155, permette di ampliare la risposta infiammatoria dei macrofagi, già indotta dalla presenza di LPS. Il meccanismo di azione del miR-155 sui trascritti che codificano per i mediatori dell'infiammazione è sconosciuto, presumibilmente agisce in maniera indiretta. KSRP controlla l'espressione di questi stessi fattori dell'infiammazione mediante il controllo sulla biogenesi di miR-155.

KSRP modula l'espressione di un selezionato gruppo di miRNA ed interagisce con il *loop terminale* di alcuni precursori di miRNA. Essendo parte del complesso proteico sia della proteina nucleare Drosha che della proteina citoplasmatica Dicer, permette il completamento del processamento dei microRNA a cui si lega. Il precursore di miR-155 è stato trovato tra i miRNA regolati da KSRP.

In questo lavoro abbiamo dimostrato che la riduzione di espressione di KSRP nei macrofagi riduce la maturazione del miR-155 determinando un accumulo del trascritto del suo precursore (pri-miR-155).

Recentemente, diversi lavori hanno evidenziato che i miRNA sono soggetti ad una regolazione post-trascrizionale (Thomson J.M., et al., 2006- Viswanathan S.R., et al., 2008). Tuttavia, come in alcune condizioni fisiologiche e talune condizioni patologiche il meccanismo di controllo di regolazione del processamento e maturazione di un microRNA è poco chiaro.

Il meccanismo di regolazione dell'espressione di miR-155 nei macrofagi trattati con LPS, che abbiamo descritto in questo lavoro, ci da probabilmente un'informazione in più su un possibile modello di regolazione post-trascrizionale seguito da un microRNA .

KSRP e probabilmente altre proteine, influenzano la maturazione di un microRNA e ne determinano l'accumulo. E' quello che è stato visto per miR-155 nei macrofagi. Fin d'ora, la funzione più nota di KSRP è stata quella di promuovere la degradazione citoplasmatica di alcuni trascritti inerentemente labili. Questi trascritti vengono riconosciuti dalla proteina per la presenza, a livello del 3'UTR, di sequenze ripetute del tipo AU (ARE) (Gherzi R., et al.,2006- Briata P., 2005, Linker K.,2005, Winzen R., 2007). Noi osservammo che molti dei trascritti che codificano per quei mediatori dell'infiammazione la cui espressione è regolata dall'aumento di espressione del miR-155, presentano sequenze ricche di AU al 3'UTR. Il trascritto di NOS2A, che ne è un esempio, interagisce con KSRP (Linker K., 2005) e la sua espressione ne viene regolata. Sperimentalmente, abbiamo dimostrato la specifica interazione di KSRP con i trascritti di IL1B, CXCL10, CXCL11, IL10 E SOCS3 . Però, contrariamente a quanto dovrebbe succedere se KSRP regolasse la degradazione di questi trascritti, mediante il riconoscimento degli elementi ARE, la riduzione di espressione di KSRP non influenza la loro stabilità nei macrofagi trattati con LPS. (dati non mostrati). Quest'ultimo dato, unito a quelli in cui si dimostra che KSRP permette la maturazione di miR-155, e a quelli in cui l'introduzione di miR-155 sintetico, in cellule in cui è stato effettuato il knock-down di KSRP, permette di aumentare l'espressione di quei mediatori dell'infiammazione che risultano mossi, ci porta a pensare a KSRP come mediatore della regolazione dell'espressione di questi trascritti. Questa sua azione non è più dovuta a livello del mantenimento della stabilità dei trascritti mediante sequenze ARE ma ad una regolazione mediata dall'aumento di espressione di miR-155.

Dato che è stato dimostrato che la fosforilazione di KSRP in differenti siti multipli ha effetti diversi sulla degradazione dei trascritti inerentemente labili (Gherzi R. et al., 2006- Briata P. et al., 2005), è possibile pensare che differenti segnali cellulari possano decidere sulla sua funzione. Si può immaginare che questi segnali molecolari differenti portino KSRP o a controllare i trascritti labili mediante la regolazione della loro stabilità o a mediare il controllo dell'espressione di taluni trascritti mediante il processamento di alcuni miRNA e viceversa.

I nostri dati aumentano la complessità delle informazioni sulla regolazione dell'espressione di miR-155. L'LPS, nei macrofagi, agisce nell'aumentare i livelli della sua forma matura, mentre per esempio, avevamo visto sperimentalmente, che nei linfociti B e nei derivati dalle cellule germinali umane si induce principalmente l'attivazione trascrizionale del suo precursore (Ruggiero, dati non mostrati). Anche la presenza dell'intermedio virale p (I:C), induce l'espressione del precursore di miR-155 a scapito della forma matura nella linea cellulare RAW264.7 (fig. 17 G-I). Questi differenti meccanismi di azione, ci confermano che la regolazione di miR-155 può dipendere sia da una specificità cellulare che da una specificità mediata da segnali cellulari esogeni. D'altronde è già nota l'importanza di miR-155, per esempio nel linfoma di Burkitt, dove vi è, per esempio, un blocco della maturazione di miR-155.

Noi abbiamo visto che l'esposizione dei macrofagi a stimoli infiammatori di vario tipo, porta all'induzione dell'espressione sia dei mediatori pro-infiammatori che dei mediatori anti-infiammatori (Saccani S. et., 2001- Kluiver J. Et al., 2007- Sharif O. et al., 2007). Alcuni trascritti sono attivati precocemente, altri sono indotti in maniera tardiva, solo dopo 24 ore. (Saccani S. et., 2001- Kluiver J. Et al., 2007- Sharif O. et al., 2007). In accordo con il fatto che miR-155 prima di agire deve maturare, si può pensare ad una sua influenza soprattutto con quei trascritti che sono regolati in maniera tardiva, non influenzando l'espressione di trascritti come TNF-α, CXCL2, SOCS3 il cui picco di espressione è a tempi piuttosto precoci. (fig. 7) (Anderson P. et al., 2004, Sharif O. et al., 2007). Questi ultimi trascritti potrebbero essere regolati piuttosto per aumentata stabilità. Molti di loro, infatti presentano al 3'UTR sequenze ricche di AU (Anderson P., et al., 2004, Winzen R., et al., 2007 , Sharif O. et al., 2007, Hao S. et al., 2009).

I nostri dati puntualizzano una differente regolazione per quei trascritti attivati tardivamente dal processo di infiammazione che è, invece, mediato da miR-155. Le analisi *in silico* delle sequenze di questi trascritti non ha trovato sequenze complementari a miR-155, percui, si può ipotizzare che questo microRNA agisce con un meccanismo di azione indiretto. Ovvero, il miR-155 va ad influire sull'espressione diretta di altri trascritti, mediatori molecolari, che influiscono sull'espressione di altre citochine e chemochine.

Con l'analisi di *microarray* effettuata sui macrofagi attivati da LPS è stato trovato, per esempio, uno dei target diretti più noti di miR-155, IKBKE, che codifica per una cinasi IkB non canonica IKK-ε. IKBKE è stata già precedentemente identificata da altri gruppi come un *target* diretto di miR-155 nei linfociti T e linfoblasti (Rodriguez A. et al., 2007- Tili E. et al., 2007- Lu F. et al., 2008). Sotto lo stimolo di infezioni virali e il coinvolgimento di recettori del tipo Toll-like, IKK-ε, dopo la fosforilazione di IRF-3 e IRF-7, porta all'aumento di espressione di Interferoni di tipo I (Frevel M.A. et al., 2003). IKK-ε, è anche noto attivare la via del segnale di NFkB, attraverso la fosforilazione e l'accumulo nucleare della proteina c-Rel (Fitzgerald K.A., et al., 2003). Studi ulteriori saranno necessari per comprendere se gli effetti di miR-155 sono totalmente dipendenti da IKK-ε o altri fattori di regolazione ne sono coinvolti. In un lavoro recente, per esempio, Pierre e collaboratori (2009), hanno evidenziato che il miR-155 è importante anche a modulare la via di segnalazione di IL-1β in cellule dendritiche umane trattate con LPS, ed analogamente a noi, sono arrivati a supporre che miR-155 comunque, assume un ruolo critico e fondamentale per una corretta risposta infiammatoria. L'infiammazione, infatti, spesso difende l'organismo dall'attacco di agenti patogeni, se la risposta è troppo prolungata nel tempo potrebbe, infatti, causare molti danni ai tessuti interessati. Molto spesso squilibri nel controllo dei processi infiammatori sono la causa evidente di molte patologie croniche e degenerative. E' per questo che è comprensibile una sua fine regolazione. I nostri dati suggeriscono che miR-155 controlla l'espressione sia dei trascritti per i mediatori dell'infiammazione (IL1B, IL12, CCL5, CXCL10,CXCL11) sia di molecole anti-infiammatorie (IL10, SOCS3). E che la loro espressione è direttamente correlata alla maturazione del miR-155 mediante la proteina KSRP.

Questi dati ci permettono di proporre miR-155 come un regolatore chiave dell'espressione di questi trascritti con funzioni divergenti, coordinando, per esempio, la risposta pro-infiammatoria e anti-infiammatoria, nei macrofagi e di vedere KSRP come mediatore della sua funzione. Ampliare gli studi su questi dati presentati risulta essere molto importante alla luce di una eventuale terapia antiinfiammatoria anche di patologie importanti.

BIBLIOGRAFIA

Akilesh, S., Shaffer, D.J., Roopenian, D. (2003) Customized molecular phenotyping by quantitative gene expression and pattern recognition analysis. *Genome Res.* **13**, 1719-1727.

Akira, S. (2006) TLR signaling. *Curr. Top. Microbiol. Immunol.* **311**, 1–16.

Allam, R., and Anders, H.J. (2008) The role of innate immunity in autoimmune tissue injury. *Curr. Opin. Rheumatol.* **20**, 538-544.

Anderson, P., Phillips, K., Stoecklin, G., and Kedersha, N. (2004) Post-transcriptional regulation of proinflammatory proteins. *J. Leukoc. Biol.* **76**, 42-47.

Banerjee, A., and Gerondakis, S. (2007) Coordinating TLR-activated signaling pathways in cells of the immune system. *Immunol. Cell Biol.* **85**, 420-424.

Barton, G.M., and Medzhitov, R. (2003) Toll-like receptor signaling pathways. *Science* **300**, 1524–1525.

Bi Y, Liu G, Yang R.(2009) MicroRNAs: novel regulators during the immune response. J Cell Physiol. Mar;218(3):467-72.

Briata, P., Forcales, S.V., Ponassi, M., Corte, G., Chen, C.-Y., Karin, M., Puri, P.L., and Gherzi, R. (2005) p38-dependent phosphorylation of the mRNA decay-promoting factor KSRP controls the stability of select myogenic transcripts. *Mol. Cell* **20**, 891-903.

Ceppi, M., Pereira, P.M., Dunand-Sauthier, I., Barras, E., Reith, W., Santos, M.A., and Pierre, P. (2009) MicroRNA-155 modulates the interleukin-1 signaling pathway in activated human monocyte-derived dendritic cells. *Proc. Natl. Acad. Sci. U S A* **106**, 2735-2740

Chen, C.Y., Gherzi, R., Andersen, J.S., Gaietta, G., Jürchott, K., Royer, H.D., Mann, M., and Karin, M. (2000). Nucleolin and YB-1 are required for JNK-mediated interleukin-2 mRNA stabilization during T-cell activation. *Genes Dev.* **14**, 1236-1248.

Chou CF, Mulky A, Maitra S, Lin WJ, Gherzi R, Kappes J, Chen CY (2006) Tethering KSRP, a decay-promoting AU-rich element-binding protein, to mRNAs elicits mRNA decay. Mol Cell Biol. May;26(10):3695-706.

De Santa, F., Totaro, M.G., Prosperini, E., Notarbartolo, S., Testa, G., and Natoli G. (2007) The histone H3 lysine-27 demethylase Jmjd3 links inflammation to inhibition of polycomb-mediated gene silencing. *Cell* **130**, 1083-1094.

Deleault KM, Skinner SJ, Brooks SA.(2008) Tristetraprolin regulates TNF TNF-alpha mRNA stability via a proteasome dependent mechanism involving the combined action of the ERK and p38 pathways. Mol Immunol. 45(1):13-24.

Eis P.S., Tam, W., Sun, L., Chadburn, A., Li, Z., Gomez, M.F., Lund, E., and Dahlberg JE. (2005) Accumulation of miR-155 and BIC RNA in human B cell lymphomas. *Proc. Natl. Acad. Sci. U S A* **102**, 3627-3632.

Filipowicz, W., Bhattacharyya, S.N., and Sonenberg, N. (2008) Mechanisms of post-transcriptional regulation by microRNAs: are the answers insight? *Nat. Rev. Genet.* **9**, 102-114.

Fitzgerald, K.A., Mc Whirter, S.M., Faia, K.L., Rowe, D.C., Latz, E., Golenbock, D.T., Coyle, A.J., Liao, S.M., and Maniatis, T. (2003) IKKepsilon and TBK1 are essential components of the IRF3 signaling pathway. *Nat. Immunol.* **4**, 491-496.

Frevel, M.A., Bakheet, T., Silva, A.M., Hissong, J.G., Khabar, K.S., and Williams, B.R. (2003) p38 Mitogen-activated protein kinase-dependent and -independent signaling of mRNA stability of AU-rich element-containing transcripts. *Mol. Cell. Biol.* **23**, 425-436

Fujihara, M., Muroi, M., Tanamoto, K., Suzuki, T, Azuma, H., and Ikeda, H. (2003) Molecular mechanisms of macrophage activation and deactivation by lipopolysaccharide: roles of the receptor complex. *Pharmacol. Ther.* **100**, 171-194.

García-Mayoral MF, Hollingworth D, Masino L, Díaz-Moreno I, Kelly G, Gherzi R, Chou CF, Chen CY, Ramos A.(2007) The structure of the C-terminal KH domains of KSRP reveals a noncanonical motif important for mRNA degradation. StructureApr;15(4):485-98.

Gherzi, R., Lee, K. Y., Briata, P., Wegmuller, D., Moroni, C., Karin, M., and Chen, C. Y. (2004). A KH domain RNA Binding Protein, KSRP, promotes ARE-directed mRNA turnover by recruiting the degradation machinery. *Mol. Cell* **14**, 571-583.

Gherzi, R., Trabucchi, M., Ponassi, M., Ruggiero, T., Corte, G., Moroni, C., Chen, C.-Y., Khabar, K.S., Andersen, J.S., and Briata, P. (2006) The RNA-binding protein KSRP promotes decay of beta-catenin mRNA and is inactivated by PI3K-AKT signaling. *PLoS Biol.* **5**, e5.

Hao, S., and Baltimore, D. (2009) The stability of mRNA influences the temporal order of the induction of genes encoding inflammatory molecules. *Nat. Immunol.* **10**, 281-288.

Harfe, B.D., McManus, M.T., Mansfield, J.H., Hornstein, E., and Tabin, C.J. (2005) The RNaseIII enzyme Dicer is required for morphogenesis but not patterning of the vertebrate limb. *Proc. Natl. Acad. Sci. U S A* **102**, 10898-108903.

Harris, J., Olière, S., Sharma, S., Sun, Q., Lin, R., Hiscott, J., and Grandvaux, N. (2006) Nuclear accumulation of cRel following C-terminal phosphorylation by TBK1/IKKepsilon. *J. Immunol.* **177**, 2527-2535.

Hume, D.A., Wells, C.A., and Ravasi, T. (2007) Transcriptional regulatory networks in macrophages. *Novartis Found. Symp.* **281**, 2-18.

Jiang H, Van De Ven C, Satwani P, Baxi LV, Cairo MS.(2004) Differential gene expression patterns by oligonucleotide microarray of basal versus lipopolysaccharide-activated monocytes from cord blood versus adult peripheral blood. J Immunol.May 15;172(10):5870-9.

Jiang, H., Van De Ven, C., Satwani, P., Baxi, L.V., and Cairo, M.S. (2004) Differential gene expression patterns by oligonucleotide microarray of basal versus lipopolysaccharide-activated monocytes from cord blood versus adult peripheral blood. *J. Immunol.* **172**, 5870-5879.

Karin, M., Lawrence, T., and Nizet, V. (2006) Innate immunity gone awry: linking microbial infections to chronic inflammation and cancer. *Cell* **124**, 823-835.

Kluiver J, Poppema S, de Jong D, Blokzijl T, Harms G, Jacobs S, Kroesen BJ, van den Berg A.(2005) BIC and miR-155 are highly expressed in Hodgkin, primary mediastinal and diffuse large B cell lymphomas. JPathol.Oct;207(2):243-9

Kluiver, J., van den Berg, A., de Jong, D., Blokzijl, T., Harms, G., Bouwman, E., Jacobs, S., Poppema, S., and Kroesen, B.J. (2007) Regulation of pri-microRNA BIC transcription and processing in Burkitt lymphoma. *Oncogene* **26**, 3769-3776.

Kroll TT, Zhao WM, Jiang C, Huber PW (2002) A homolog of FBP2/KSRP binds to localized mRNAs in Xenopus oocytes. Development. Dec;129(24):5609-19.

Linker, K., Pautz, A., Fechir, M., Hubrich, T., Greeve. J., and Kleinert H. (2005) Involvement of KSRP in the post-transcriptional regulation of human iNOS expression-complex interplay of KSRP with TTP and HuR. *Nucleic Acids Res.* **33**, 4813-4827.

Lu, F., Weidmer, A., Liu, C.G., Volinia, S., Croce, C.M., and Lieberman, P.M. (2008) Epstein-Barr virus-induced miR-155 attenuates NF-kappaB signaling and stabilizes latent virus persistence. *J. Virol.* **82**, 10436-10443.

Min H, Turck CW, Nikolic JM, Black DL. (1997) A new regulatory protein, KSRP, mediates exon inclusion through an intronic splicing enhancer. Genes Dev. Apr 15;11(8):1023-36.

O'Connell, R.M., Taganov, K.D., Boldin, M.P., Cheng, G., and Baltimore, D. (2007) MicroRNA-155 is induced during the macrophage inflammatory response. *Proc. Natl. Acad. Sci. USA* **104**, 1604–1609.

Obernosterer, G., Leuschner, P.J., Alenius, M., and Martinez, J. (2006) Post-transcriptional regulation of microRNA expression. *RNA* **12**, 1161-1167.

O'Connell, R.M., Rao, D.S., Chaudhuri, A.A., Boldin, M.P., Taganov, K.D., Nicoll, J., Paquette, R.L., and Baltimore, D. (2008) Sustained expression of microRNA-155 in hematopoietic stem cells causes a myeloproliferative disorder. *J. Exp. Med.* **205**, 585-594.

Papadimitraki, E.D., Bertsias, G.K., and Boumpas, D.T. (2007) Toll like receptors and autoimmunity: a critical appraisal. *J. Autoimmun.* **29**, 310-318.

Rodriguez, A., Vigorito, E., Clare, S., Warren, M.V., Couttet, P., Sound, S.R., van Dongen, S., Grocock, R.J., Das, P.P., Miska, E.A., Vetrie, D., Okkenhaug, K., Enright, A.J., Dougan, G., Turner, M., and Bardley, A. (2007) Requirement of bic/microRNA-155 for normal immune function. *Science* **316**, 608–611.

Ruggiero T, Trabucchi M, De Santa F, Zupo S, Harfe BD, McManus MT, Rosenfeld MG, Briata P, Gherzi R. (2009) LPS induces KH-type splicing regulatory protein-dependent processing of microRNA-155 precursors in macrophages.FASEB J. 2009 May 7.

Saccani, S., Pantano, S., and Natoli, G. (2001) Two waves of nuclear factor kappaB recruitment to target promoters. *J. Exp. Med.* **193**, 1351-1359.

Sharif, O., Bolshakov, V.N., Raines, S., Newham, P., and Perkins, N.D. (2007) Transcriptional profiling of the LPS induced NF-kappaB response in macrophages. *BMC Immunol.* **8**, 1.

Sheedy, F.J., and O'Neill, L.A. (2008) Adding fuel to fire: microRNAs as a new class of mediators of inflammation. *Ann. Rheum. Dis.* **67 Suppl 3**, 50-55.

Taganov, K.D., Boldin, M.P., Chang, K.J., and Baltimore, D. (2006) NF-kappaB-dependent induction of microRNA miR-146, an inhibitor targeted to signaling proteins of innate immune responses. *Proc. Natl. Acad. Sci. USA* **103**, 12481–12486.

Thai TH, Calado DP, Casola S, Ansel KM, Xiao C, Xue Y, Murphy A, Frendewey D, Valenzuela D, Kutok JL, Schmidt-Supprian M, Rajewsky N, Yancopoulos G, Rao A, Rajewsky K. (2007)Regulation of the germinal center response by microRNA-155. Science. Apr 27;316(5824):604-088

Thai, T.-H., Calado, D. P., Casola, S., Ansel, K. M., Xiao, C., Xue, Y., Murphy, A., Frendewey, D., Valenzuela, D., Kutok, J. L., Schmidt-Supprian, M., Rajewsky, N., Yancopoulos, G., Rao, A. and K. Rajewsky, K., (2007) Regulation of the germinal center response by microRNA-155. *Science* **316**, 604–608.

Thomson, J.M., Newman, M., Parker, J.S., Morin-Kensicki, E.M., Wright, T., and Hammond S.M. (2006) Extensive post-transcriptional regulation of microRNAs and its implications for cancer. *Genes Dev.* **20**, 2202-2207.

Tili, E., Michaille, J.J., Cimino, A., Costinean, S., Dumitru, C.D., Adair, B., Fabbri, M., Alder, H., Liu, C.G., Calin, G.A., and Croce, C.M. (2007) Modulation of miR-155 and miR-125b levels following lipopolysaccharide/TNF-alpha stimulation and their possible roles in regulating the response to endotoxin shock. *J. Immunol.* **179**, 5082-5089.

Trabucchi, M., Briata, P., Garcia-Mayoral, MF., Filipowicz, W., Ramos A., Gherzi, R., Rosenfeld, MG. (2009). The RNA-binding protein KSRP interacts with the terminal loop of select miRNAs and is required for their maturation. *Nature Letters (accepted).*

Ulevitch, R.J., and Tobias, P.S. (1995) Receptor-dependent mechanisms of cell stimulation by bacterial endotoxin. *Annu. Rev. Immunol.* **13**, 437-457.

Viswanathan, S.R., Daley, G.Q., and Gregory, R.I. (2008) Selective blockade of microRNA processing by Lin28. *Science* **320**, 97-100.

Winzen, R., Thakur, B.K., Dittrich-Breiholz, O., Shah, M., Redich, N., Dhamija, S., Kracht, M., and Holtmann, H. (2007) Functional analysis of KSRP interaction with the AU-rich element of interleukin-8 and identification of inflammatory mRNA targets. *Mol. Cell Biol.* **27**, 8388-8400.

RINGRAZIAMENTI

Colgo l'occasione per ringraziare il gruppo di laboratorio RNA del CBA (Centro di Biotecnologie Avanzate) di Genova e del laboratorio di Oncologia sperimentale F dell'IST (Istituto Tumori di Genova) con cui ho pubblicato questo lavoro. Faccio riferimento in particolare modo al mio supervisore scientifico, Dott.Roberto Gherzi e Dott.ssa Paola Briata, sua moglie.

Ringrazio sicuramente i miei genitori e mio marito Piermichele, che hanno sempre creduto in me nella sfida della "Ricerca scientifica", ma soprattutto ringrazio il mio piccolo Matteo a cui dedico l'intera opera in quanto ha perfettamente collaborato alla stesura di questo lavoro, nei primi suoi 9 mesi di *vita intrauterina* e a cui dedico il resto della mia vita.

Printed by Books on Demand GmbH, Norderstedt / Germany